KB074094

산수 100가지 난문·기문

풀 수 있다면 당신은 천재!

나카무라 기사쿠 지음
경익선 옮김

전파과학사

머리말

초등학교에서 다루는 산수라고 하면, 형편 없이 쉬울 것이라고 생각하기 쉽다. 그러나 생각하기에 따라서는 중학생이 배우는 수학보다 어렵다. 이것은 이 책에서 소개하는 100가지 문제를 풀어 나가는 동안에 차츰 밝혀지게 될 것이다. 이 100문제는 일본의 중학교 입시 문제에서 추려서 엮은 것인데, 수준의 높이라든가 내용의 깊이에는 그저 놀랄 뿐이다. 만약 이 문제들을 무난히 풀 수 있다면, 당신이 어른이라고 하더라도 가히 천재라고 할 수 있을 것이다.

중학교에서는 대수의 기초로서 일차 방정식, 이차 방정식, 연립 방정식을 배우고, 기하의 기초로서 삼각형, 사각형, 원의 여러 가지 성질과 삼평방의 정리를 배운다. 또 이 이외의 것으로서 순열, 조합, 확률, 통계의 초보도 배운다. 이 때문에 어떤 문제가 나왔을 때, 그들 지식을 활용할 수가 있다. 그러나 초등학교에서는 대수나 기하는 배우지 않기 때문에, 같은 문제가 나와도 그런 고등 지식을 사용할 수가 없다. 이 때문에 가장 적합한 과정을 생각하여, 그것으로 풀어 나갈 수밖에 없다. 그런데 이 사고 과정이라는 것이 무척이나 교묘하고 치밀하게 궁리되어 있는 일이 많아서, 오히려 중학에서 배우는 수학보다 고급이라고도 할 수 있다. 이것은 유명한 '학과 거북이의 문제'를 생각하면 쉽게 상상이 간다. 교묘한 방법으로 풀어지는 초등학교의 '학과 거북이의 셈 문제'가 중학교에서는 연립 방정식으로 쉽게 풀 수 있다.

이 책에서 소개하는 100가지 문제 중, 90문제는 일본의 중학 입시 문제에서 가려 뽑은 것이다. 나머지 10개 문제는 고전의 명작과 저자의 창작이다.

이 100가지 문제는 머리가 좋은 아이라면, 초등학생도 풀 수 있는 문제들이고, 사실 문제마다 밝혀 둔 해답은 초등학생이 알 수 있는 설명이다. 그러나 해법 과정을 발견하지 못하면, 고등학생은 커녕 대학생도 풀 수 없을는지 모른다. 중학 입시 문제라고 하여 결코 깔보아서는 안된다. 중학생, 고등학생, 대학생에게는 사고 훈련용으로, 또 사회인에게는 통찰력을 함양하는 위해서, 이 100가지 문제를 활용해 보시기 바란다.

끝으로 이 책을 집필하는 데 있어서, 많은 중학 입시 문제 해설서를 참고했다. 여기에 감사의 뜻을 밝히고, 또 고단사(講談社)의 이타야(板谷洋一) 씨와 블루백스 편집부의 여러분에게 여러 가지 신세를 입은 점을 감사한다.

지은이

차례

머리말 3

1장
수의 문제

9를 10으로 나눈 결과를, 서로 다른 3개의 분수의 합으로서 나타냈더니, 분자를 모두 1로 할 수 있어

$$9 \div 10 = \frac{1}{\Box} + \frac{1}{\Box} + \frac{1}{\Box}$$

이 되었다. 이 때 □에 알맞는 3개의 다른 수를 적어 넣어라.

힌트

우변의 3개의 분수의 합이 $\frac{9}{10}$가 되려면, 그 중의 최대 분수는 $\frac{3}{10}$ 이하가 되어서는 안된다.

해답

3개의 분수 가운데서 최대의 분수를 $\frac{1}{3}$로 하면, 서로 다른 3개의 분수를 택하여 그 합이 최대가 되도록 하여도,

$$\frac{1}{3} + \frac{1}{4} + \frac{1}{5} = \frac{47}{60}$$

밖에 되지 않는다. 이것은 9/10보다 작기 때문에 실격이다. 그래서 3개의 분수 중 최대의 분수는 1/2로 결정된다.

그래서 다음으로 큰 분수를 1/3로 하여 보면,

$$\frac{1}{2} + \frac{1}{3} = \frac{5}{6}$$

가 되고, 이것을 $\frac{9}{10}$에서 빼면

$$\frac{9}{10} - \frac{5}{6} = \frac{1}{15}$$

이 된다. 우변의 분자는 모두 1로 되어 있으므로

$$\frac{9}{10} = \frac{1}{2} + \frac{1}{3} + \frac{1}{15}$$

이 성립하는 것을 알 수 있다.

그러나 또 다른 답이 있을는지 모른다. 그러므로 1/3 대신 1/4로 하여 보면, 위의 $\frac{1}{15}$에 대응하는 값이 $\frac{3}{20}\left(\frac{9}{10} = \frac{1}{2} + \frac{1}{4} + \frac{3}{20}\right)$이 되어, 우변의 분자가 3으로 되어 실패이다.

그래서 다시 $\frac{1}{5}$로 하여 보면, 이번에는 $\frac{1}{15}$에 대응하는 값이 $\frac{1}{5}$로 되어 $\frac{9}{10}\left(= \frac{1}{2} + \frac{1}{5} + \frac{1}{5}\right)$이 적합하지 않다. 그와 동시에 $\frac{1}{5}$ 미만의 분수는 알아볼 필요조차 없음을 알게 되므로, 이 답은 한 가지밖에 없다는 것이 된다.

문제 2

 다섯 자리의 정수 80□□9는, 13으로 나누거나, 37로 나누어도 나머지가 2가 된다. □ 속에 알맞는 숫자를 넣어서, 이 정수를 복원하여라.

80□□9 ÷ 13 = □□□□…2
80□□9 ÷ 37 = □□□□…2

힌트

 다섯 자리의 정수로만 한정하지 않고서, 먼저 13으로 나누건, 37로 나누건, 나머지가 2가 되는 임의의 정수를 찾아낸다. 이 정수가 해결의 열쇠가 될 것이다.

12

해답

13으로 나누건, 37로 나누건, 나머지가 2가 되는 정수 중에서, 가장 간단한 것은 2 자체이다. 그러면 13과 37이 모두 소수이므로, 2에

$$13 \times 37 = 481$$

을 더하여, 483으로 하더라도 같은 성질을 갖게 된다. 그렇다면 481을 연달아 더해 가서,

$$483 + 481 = 964$$
$$964 + 481 = 1445$$
$$1445 + 481 = 1926$$

으로 만든 것도 같은 성질을 갖게 된다. 이것과 같은 조작으로, 80□□9에 들어맞는 정수가 되기까지 계산해 나가면 되는데, 이래서는 너무 복잡하다.

그래서 대충 어림을 잡기 위하여 80009를 481로 나누어서,

$$80009 \div 481 = 166.34$$

로 계산한다. 그러면

$$2 + (481 \times 166) = 79848$$

도 같은 성질을 갖게 될 것이다. 더구나 이것으로부터라면, 481을 연달아 더해 가더라도, 그리 복잡한 계산으로는 되지 않는다. 이것을 실제로 계산하여 보면,

$$79848 + 481 = 80329$$
$$80329 + 481 = 80810$$
$$80810 + 481 = 81291$$

이 되어, 답은 80329, 13으로 나누면 6179…2, 37로 나누면 2171…2가 된다.

8장의 종이에 숫자를 1개씩 적고, 2장씩을 1조로 하여

$$\boxed{1}\boxed{9}+\boxed{7}\boxed{5}+\boxed{4}\boxed{8}+\boxed{2}\boxed{6}=168$$

과 같이 계산했다. 좌변의 4개조의 수에 대해서 1의 자리와 10의 자리를

보기 $\boxed{1}\boxed{9} \rightarrow \boxed{9}\boxed{1}$

처럼 치환하여, 후변의 합이

$$\square\square+\square\square+\square\square+\square\square=222$$

가 되게 하여라. 단 치환은 몇 개조에 대하여 교환해도 되는 것으로 한다.

힌트

1의 자리와 10의 자리를 치환하는 것으로, 수가 어떻게 증감하는가를 조사해 본다. 계획성 없이 하면 도저히 성공을 기대할 수 없다.

해답

4개조의 수에 대하여, 1의 자리와 10의 자리를 치환하면,

19 → 91(72의 증가)

75 → 57(18의 감소)

48 → 84(36의 증가)

26 → 62(36의 증가)

가 된다. 한편 우변의 합을 168로부터 222로 바꾸는 데는,

168 → 222(54의 증가)

가 필요하다. 이것으로부터 1개조의 수만을 치환하는 것으로는 불가능하다.

그래서 2개조의 수에 대한 치환을 생각하면

72-18=54

가 되므로,

$\boxed{9}\boxed{1}$+$\boxed{5}\boxed{7}$+$\boxed{4}\boxed{8}$+$\boxed{2}\boxed{6}$=222

가 얻어진다. 또 3개조의 수에 대한 치환을 생각하면

36+36-18=54

가 되므로

$\boxed{1}\boxed{9}$+$\boxed{5}\boxed{7}$+$\boxed{8}\boxed{4}$+$\boxed{6}\boxed{2}$=222

가 얻어진다. 마지막으로, 4개조의 수에 대한 치환을 생각하면, 54의 증가는 불가능하다. 이렇게 합을 222로 하는 치환은 두 가지 방법이 있다.

이런 문제에서는, 한 가지 답을 얻었다고 해서 안심하는 것은 위험하다.

　a, b, c, d의 4개의 수가 있는데, 그 합은 90이다. 지금 a에 2를 더한 것과, b에서 2를 뺀 것과, c에 2를 곱한 것과, d를 2로 나눈 것이 모두 같은 수가 되었다고 한다. a, b, c, d 4개의 수를 구하라.

힌트

2를 더한 것과, 2를 뺀 것에 대하여는 간단하다. 문제는 2를 곱한 것과, 2로 나눈 것을 어떻게 생각하느냐에 있다.

해답

a에 2를 더한 것과, b에서 2를 뺀 것이 같은 수이므로, 그 수로부터 2를 뺀 것이 a, 그 수에 2를 더한 것이 b이다. 그리고 a와 b를 더한 것은 같아진 수의 2배이다.

한편, c에 2를 곱한 것과, d를 2로 나눈 것이 같은 수이므로, 그 수를 2로 나눈 것이 c, 그 수에 2를 곱한 것이 d이다. 2로 나눈다는 것은 0.5를 곱한 것이므로, c와 d를 더한 것은, 같아진 수의 2.5배(=0.5+2)이다.

이리하여 같아진 수로부터 a, b, c, d를 역으로 볼 때, a와 b를 더한 것은 같아진 수의 2배, c와 d를 더한 것은 같아진 수의 2.5배가 되었다. 그러면 a와 b와 c와 d의 4개의 수를 더한 것은, 같아진 수의 4.5배(=2+2.5)이다. 이 합이 90이므로, 같아진 수는

$$90 \div 4.5 = 20$$

이 된다. 이것으로부터 최초의 a, b, c, d는

a=20-2=18
b=20+2=22
c=20÷2=10
d=20×2=40

이다.

문제 5

24를 서로 다른 3개의 수의 곱셈으로 나타내면,

$1 \times 2 \times 12,$ $1 \times 3 \times 8,$

$1 \times 4 \times 6,$ $2 \times 3 \times 4$

의 네 가지 방법이 있다. 이와 같은 방법으로, 96을 다른 3개의 수의 곱셈으로 나타내면 몇 가지 방법이 있는가? 또 1056을 다른 5개의 수의 곱셈으로 나타내어라.

> **힌트**
>
> 무계획적으로 곱셈을 만들면 빠뜨리고 넘어가기 쉽다. 계획적으로 잘 조사하는 방법을 생각하여 보자.

해답

96을 소수의 곱으로 분해하면,

$$96 = 2 \times 2 \times 2 \times 2 \times 2 \times 3$$

이 된다. 그래서 다른 3개의 수 가운데서, 우선 하나를 1로 하여 본다. 그러면 나머지 둘 중의 어느 쪽에 3이 포함되므로, 그것에 2가 몇 개나 곱해지는가를 생각하면, $1 \times 3 \times 32$(0개), $1 \times 6 \times 16$(1개), $1 \times 12 \times 8$(2개), $1 \times 24 \times 4$(3개), $1 \times 48 \times 2$(4개)의 다섯 가지가 있다.

다음에는 다른 3개의 수 가운데에 1은 없고, 최소의 수가 2라고 하여 본다. 그러면 역시 3에 몇 개의 2가 곱해지는가를 생각하여, $2 \times 3 \times 16$(0개), $2 \times 6 \times 8$(1개), $2 \times 12 \times 4$(2개)의 세 가지가 있다. 여기서 3개가 곱해지는 경우는 $2 \times 24 \times 2$로 되어, 2가 2개가 되므로 실격이다.

다음에는 다른 3개의 수에 1도 없고, 2도 없으며, 최소의 수가 3이라고 하여 본다. 그러면 $3 \times 4 \times 8$의 한 가지 뿐이다. 그리고 1도 2도 3도 없는 경우는 한 가지도 만들 수가 없다는 것을 알게 된다. 이리하여 96을 다른 3개의 수의 곱셈으로 나타내는 방법은 모두 9가지로 할 수 있다.

같은 방법으로 1056을 조사하면, 좀 복잡하기는 하지만,

$$1056 = 2 \times 2 \times 2 \times 2 \times 2 \times 3 \times 11$$

로부터,

$1 \times 2 \times 3 \times 4 \times 44$, $1 \times 2 \times 3 \times 8 \times 22$, $1 \times 2 \times 3 \times 11 \times 16$,
$1 \times 2 \times 6 \times 8 \times 11$, $1 \times 3 \times 4 \times 8 \times 11$, $1 \times 2 \times 4 \times 6 \times 22$,
$1 \times 2 \times 4 \times 11 \times 12$

의 7가지를 만들 수가 있다.

문제 6

여덟 자리의 수가 있다. 이 수를 좌우 절반으로 나누면, 양쪽
이 같은 수가 된다. 이를테면

48034803, 19361936, 72657265

처럼 되어 있다. 이같은 수 중에서 28907로 나누어 떨어지는
최대수를 구하여라.

> **힌트**
>
> 문제의 본질이 어디에 있는가를 찾아내지 못하면, 해결 방
> 법을 짐작할 수 없다. 네 자리의 수를 2개 늘어 놓았다는
> 것은, 도대체 무엇을 말하는 것일까?

해답

이를테면 48034803에 대하여 생각해 보면, 이것은

$$4803 \times 10001 = 48034803$$

이라고 하는 것이다. 이것으로부터 어떤 네 자리 수를 2개 늘어놓아도, 그것으로부터 만들어지는 여덟 자리의 수는 반드시 10001로 나누어 떨어진다.

한편, 이 수는 28907로도 나누어 떨어진다고 말하고 있으므로, 28907과 10001의 어느 쪽으로도 나누어진다. 그래서 28907과 10001을 동시에 나누어 떨어지게 할 수 있는 최대의 수(즉 최대공약수)를 구하면,

$$28907 \div 10001 = 2 \cdots 8905$$
$$10001 \div 8905 = 1 \cdots 1096$$
$$8905 \div 1096 = 8 \cdots 137$$
$$1096 \div 137 = 8 \cdots 0$$

으로 되어 137이다. 이것으로부터 구하는 수는

$$28907 \div 137 = 211$$

로도 나누어 떨어질 것이다.

지금 211의 배수로서 네 자리의 최대수를 구하면,

$$10000 \div 211 = 47.39 \cdots\cdots$$

로부터

$$211 \times 47 = 9917$$

이다. 이렇게 28907로 나누어 떨어지는 최대의 수는, 9917을 2개 늘어놓은 99179917이 된다.

문제 7

1에서부터 차례로 늘어놓은 정수에,

1 ｜ 23 ｜ 456 ｜ 7 ｜ 89 ｜ 10 11 12 ｜ 13 ｜ ……

과 같이 1개, 2개, 3개의 순서로 반복하여 구획을 지어간다.
그러면 5번째의 구획은 9와 10 사이를 나누게 된다. 그렇다면
100번째의 구획은 어느 수와 어느 수 사이를 나누게 되느냐?
또 한 구획 속의 수의 합이 305가 되었다면, 이것은 몇 번째
의 구획에 있을까?

힌트

구획 속의 수를 실제로 합산하여 305가 될 때까지 조사하
기란 힘든 일이다. 구획 속의 수의 합에서부터 적절한 규칙
성을 찾아보아라.

해답

3개의 구획을 1개조라고 하면, 그 속에는 언제나 6개씩의 정수가 들어간다. 그래서 100이 3개씩으로 묶어서 구획한 것의 몇 번째의 조에 들어가는가를 알기 위하여,

$$100=3\times33+1$$

로 한다. 이것으로부터 3개씩이 한 묶음으로 된 완전한 구획이 33개조이고, 34번째의 첫 번째 구획이 100번째가 된다. 그러면 $6\times33=198$의 계산으로부터, 정수 198이 99번째 구획에 있고 100번째의 구획은 199와 200 사이에 온다.

다음에는 구획 속의 수의 합을 구하기 위하여, 3개씩 건너 뛴 구획에 대하여 조사해 본다. 우선 1번째, 4번째, 7번째 등의 구획 속에서는, 정수가 1개씩으로

$$1,\ 7,\ 13\ \cdots\cdots$$

으로 6개씩 증가해 간다. 그런데

$$(305-1)\div6=50\cdots4$$

가 되므로, 305의 정수가 1개만으로써 구획 속에 들어가는 일은 없다. 다음에 2번째, 5번째, 8번째 등의 구획 속에서는, 정수가 2개씩으로서,

$$2+3=5,\ 8+9=17,\ 14+15=29,\ \cdots\cdots$$

로 12개씩 증가해 간다. 그러면

$$(305-5)\div12=25$$

가 되어 나누어 떨어진다. 이것은 3개씩을 한 묶음으로 하여 구획을 조로 만들었을 때의 26번째라는 것으로서, 1개씩의 구획으로는 77번째($=25\times3+2$)이다. 이 속에 2의 연속된 정수가 들어가는 것으로 그것은 152와 153이다($152+153=305$).

또 같은 방법으로 조사하면, 3개의 정수를 포함하는 구획 가운데는, 합이 305가 되는 것은 없다는 것을 알 수 있다.

2, 3, 4, 5, 6, 7, 8의 7개의 수 중에서 2개의 수를 골라서, 이를테면 2/3와 같이, 그 2개의 수를 분자와 분모로 하는 진분수를 만든다. 그 가운데서 약분할 수 없는 진분수만을 뽑아내어, 2개씩을 곱하여, 그 값이 1/2이 되는 2개의 진분수의 짝은 모두 몇 개조나 있는가?

> **힌트**
>
> 머리 속에서 생각하기 보다는, 진분수를 실제로 만들어 보면, 스스로 해결의 길이 트인다.

24

해답

약분할 수 없는 진분수를 분모가 작은 것에서부터 만들어 보면,

$$3 \cdots\cdots \frac{2}{3}$$

$$4 \cdots\cdots \frac{3}{4}$$

$$5 \cdots\cdots \frac{2}{5}, \ \frac{3}{5}, \ \frac{4}{5}$$

$$6 \cdots\cdots \frac{5}{6}$$

$$7 \cdots\cdots \frac{2}{7}, \ \frac{3}{7}, \ \frac{4}{7}, \ \frac{5}{7}, \ \frac{6}{7}$$

$$8 \cdots\cdots \frac{3}{8}, \ \frac{5}{8}, \ \frac{7}{8}$$

로 된다. 이 중의 2개를 곱했을 때, 그 값이 $\frac{1}{2}$이 되는 것은

$$\frac{2}{3} \times \frac{3}{4} = \frac{2}{4} = \frac{1}{2}$$

$$\frac{3}{5} \times \frac{5}{6} = \frac{3}{6} = \frac{1}{2}$$

$$\frac{5}{8} \times \frac{4}{5} = \frac{4}{8} = \frac{1}{2}$$

$$\frac{7}{8} \times \frac{4}{7} = \frac{4}{8} = \frac{1}{2}$$

인 때이므로, 모두 4개조이다.

주의하면, 초등학생이라도 확실히 풀 수 있는 문제이다.

문제 9

분자가 6인 분수 중에서, 그 값이 0.0513692에 가장 가까운
2개의 분수를 구하여라. 단, 분수는 더 이상 약분할 수 없는
형태로 했을 때, 분자가 6인 것으로 한다.

힌트

분모가 세 자리수가 되는 것은 틀림없는 일이지만, 계획없
이 나눗셈을 반복하면, 계산이 아주 번거로워진다.

해답

우선

$$\frac{6}{\square} = 0.0513692$$

로 하여, □를 구한다. 그러면

$$\square = \frac{6}{0.0513692} \fallingdotseq 116.8015$$

가 되므로, 분모를 116이나 117로 하면, 그 값은 0.0513692에 가까와진다. 그러나 $\frac{6}{116} = \frac{3}{58}$, $\frac{6}{117} = \frac{2}{39}$ 가 되어서, 약분이 되어 분자가 6이 되지 않는다.

정답은 약분이 될 수 없는 분수이므로, 116으로부터는 분모가 작아지는 방향으로

$$\frac{6}{115}, \ \frac{6}{114}, \ \frac{6}{113}, \ \cdots\cdots$$

으로 하고, 117로부터는 분자가 커지는 방향으로

$$\frac{6}{118}, \ \frac{6}{119}, \ \frac{6}{120}, \ \cdots\cdots$$

으로 조사하여 간다. 그러면 약분할 수 없는 최초의 2개의 분수는, 분모가 작은 방향과 큰 방향의 각각에서

$$\left(\frac{6}{115}, \frac{6}{113}\right), \ \left(\frac{6}{119}, \frac{6}{121}\right)$$

이 된다. 이것들과 0.0513692와의 차를 계산하면, $\frac{6}{115}$ 과 $\frac{6}{119}$ 이 가장 가까운 2개의 분수가 된다.

문제 10

오른쪽 계산은 세 자리의 수와 두 자리수의 곱셈을 나타낸 것이다. A, B, C, ……, H는 0에서부터 9까지의 숫자 중의 어느 것으로서, 각각 다른 숫자로 표시하고 있다. 원래의 곱셈으로 복원하여라.

```
      B C A
  ×     B A
  ─────────
    F A E B
  G B D A
  ─────────
  G H F H B
```

힌트

이것을 「가려놓은 수 알아내기」 문제라고 한다. 복원 계획을 세우는 것이 중요하며, 여기서는 A와 A를 곱하고, A와 B를 곱하는 것에 우선 주목한다.

해답

A와 A, A와 B를 곱하면 오른쪽과 같이 된다. 여기서 A에 1에서부터 9까지의 수를 넣어, 우선 A×A를 계산한다. 다음에는 각각

$$\begin{array}{r} A \\ \times\ A \\ \hline ?\ B \end{array} \qquad \begin{array}{r} A \\ \times\ B \\ \hline ?\ A \end{array}$$

의 계산으로부터 B를 구하고, A×B를 계산하여 조건이 맞는지 어떤지를 조사한다. 가령 A를 8로 하면 A×A=64가 되고, B는 4가 된다. 그러면 A×B=32가 되어 끝의 2는 8과 일치하지 않는다. 따라서 A를 8로 하는 것은 잘못이다.

이 계산으로부터 A가 4이고 B가 6이거나, A가 9이고 B가 1인 때에만 조건에 잘 들어맞는 것을 알 수 있다. 그러나 B를 1로 하면 BCA×B가 세 자리 수가 되어 문제의 GBDA의 수는 될 수 없다. 따라서 A는 4, B는 6으로 결정한다. 이 결과를 문제의 곱셈에 대입한 것이 오른쪽 윗단의 계산이다. 이 것으로부터 C를 최대수 9로 하더라도 F는 2가 된다. 이 결과도 문제에 대입하면 오른쪽 가운데단의 계산과 같아진다. 이것으로부터 C가 0, 1, 2 중의 어느 것이 되지 않으면 6C4×4의 계산이 잘 되지 않는다. 그래서 C 를 0, 1, 2로 놓고, 실제로 세 자리수와 두 자리수를 곱하여 보면, C가 1일 때만 조건에 들어맞는다. 이리하여 처음 문제의 곱셈은 오른쪽 아래단과 같이 복원된다.

$$\begin{array}{r} 6\ C\ 4 \\ \times\quad 6\ 4 \\ \hline F\ 4\ E\ 6 \\ G\ 6\ D\ 4\quad \\ \hline G\ H\ F\ H\ 6 \end{array}$$

$$\begin{array}{r} 6\ C\ 4 \\ \times\quad 6\ 4 \\ \hline 2\ 4\ E\ 6 \\ G\ 6\ D\ 4\quad \\ \hline G\ H\ 2\ H\ 6 \end{array}$$

$$\begin{array}{r} 6\ 1\ 4 \\ \times\quad 6\ 4 \\ \hline 2\ 4\ 5\ 6 \\ 3\ 6\ 8\ 4\quad \\ \hline 3\ 9\ 2\ 9\ 6 \end{array}$$

5로 나누면 4가, 9로 나누면 7이, 11로 나누면 9가 각각 남는 수 중에서, 500 이하의 수를 구하여라.

□÷5=△ ······ 나머지 4

□÷9=○ ······ 나머지 7

□÷11=▽ ······ 나머지 9

힌트

500 이하의 모든 수에 대하여 조사한다는 것은 힘든 일이다. 계산의 수고를 더는 방법은 없을까?

해답

우선 5로 나누면 4가 남는다는 성질은 무시하고, 9로 나누면 7이 남고, 11로 나누면 9가 남는다고 하는 2개의 성질에만 주목하자. 그러면 어느 쪽도 2를 더하면 말끔하게 나누어지게 되므로, 그것에 2를 더한 수는 99(=9×11)로 나누어 떨어지게 된다. 따라서 9로 나누면 7이 남고, 11로 나누면 9가 남는 수는

$(9 \times 11) - 2 = 97$

이거나, 이것에 99를 몇 개 더한 수가 된다. 그래서 500 이하의 수를 만들어 보면

97
97+99=196
196+99=295
295+99=394
394+99=493

이 된다. 이들의 수는 어느 것도 9로 나누면 7이 남고, 11로 나누면 9가 남는 수이다. 여기서 그것들을 5로 나누어, 그 나머지를 구하면, 4가 되는 것은 394뿐이다. 따라서 5로 나누면 4가 남고, 9로 나누면 7이 남고, 11로 나누면 9가 남는 500 이하의 수는 394가 된다. 또 500보다 큰 수라도 된다면, 394에 495(=5×9×11)를 몇 개 더한 수들도 모두 그렇게 된다.

□ 안에 알맞는 숫자를 넣어서 다음 계산을 완성하여라.

```
                  □ □ □
        □ □ □ )□ □ □ □
              1 □ □
              □ □ □ □
              □ □ □ 2
                □ □ □
              5 3 4
                    0
```

힌트

이런 것을 「차례로 빈칸 채우기」 문제라고 한다. 이 문제
는 적절한 사고 방식으로 제수를 간단히 결정할 수 있다.

해답

먼저 534가 제수의 몇 배인가에 착안하여, 534를 1, 2, 3,
……, 9로 나누어 본다. 그러면 나누어 떨어지는 것은

534÷1=534
534÷2=267
534÷3=178
534÷6= 89

의 네 수뿐이다. 이 우변을 몇 배로 하여 그 곱이 1□□으로 되는
것은 178뿐이다. 이렇게

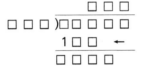

의 화살표 부분은 178이 된다. 이 178도 제수를 몇 배로 한 것이
지만 2배를 하더라도 두 자리수가 되어 버린다. 이것으로부터
178은 제수 그 자체가 된다. 따라서 □□□2는 제수를 몇 배한
것이기 때문에, 간단히 1602로 결정된다.

그래서 원래의 나눗셈은 아래와 같이 복원된다.

```
              1 9 3
   1 7 8 ) 3 4 3 5 4
          1 7 8
          1 6 5 5
          1 6 0 2
              5 3 4
              5 3 4
                  0
```

문제 13

1에서부터 13까지의 수 중에서 어느 수에서부터 시작하여 수를 차례로 적어 나간다. 예를 들면 1에서부터 늘어 놓으면 A, 8에서부터 늘어놓으면 B, 12에서부터 늘어놓으면 C가 된다. 이런 방법으로 2개조의 수를 아래와 같이

A	1	2	3	4	5	6	7	8	9	10	11	12	13
B	8	9	10	11	12	13	1	2	3	4	5	6	7
C	12	13	1	2	3	4	5	6	7	8	9	10	11

늘어 놓았다. 3번째 조의 수를 어떤 방법으로 늘어 놓으면, 세로로 늘어선 3개씩의 수를 더했을 때, 그 합이 짝수가 되는 경우 최대 몇 개나 되는가?

8	9	10	11	12	13	1	2	3	4	5	6	7
10	11	12	13	1	2	3	4	5	6	7	8	9

힌트

3번째 조의 수를 1, 2, 3,……, 13까지의 모든 수에서 시작하여, 짝수가 몇 개나 만들어지는가를 조사하는 것은 힘든 일이다. 좀더 재치 있는 방법을 생각하여라.

34

해답

위의 2개조의 수에 대하여, 세로로 배열된 두 수의 합을 조사해
보면, 짝수가 11개, 홀수가 2개이다. 아래 표에서는 이것을 둘레
밖에다 '짝', '홀'로 표시하였다.

8	9	10	11	12	13	1	2	3	4	5	6	7
10	11	12	13	1	2	3	4	5	6	7	8	9
짝	짝	짝	짝	홀	홀	짝	짝	짝	짝	짝	짝	짝

11개의 '짝수'에 대하여는 제3조의 수를 어떻게 배열하느냐에
따라서, 세로로 늘어선 세 수의 합은, 짝수가 6개, 홀수가 5개이
거나, 홀수가 6개이고 짝수가 5개인 것 중의 어느 것이 될 것이
다. 이것은 짝수와 짝수의 합은 짝수, 짝수와 홀수의 합은 홀수가
되는 성질로부터 알게 된다. 또 2개의 '홀수'에 대하여는, 그 밑의
제3조의 수가 홀수가 되게 늘어놓으면, 세로로 늘어선 세 수의 합
이 모두 짝수가 된다. 아래 표는 그런 방법으로 배열한 것이고,
위 표의 11개의 '짝수'에 대하여는 알맞게도 그 중의 6개가 짝수
로 되어 있다.

8	9	10	11	12	13	1	2	3	4	5	6	7
10	11	12	13	1	2	3	4	5	6	7	8	9
9	10	11	12	13	1	2	3	4	5	6	7	8
홀	짝	홀	짝	짝	짝	짝	홀	짝	홀	짝	홀	짝

따라서 세로로 늘어선 세 수에 대하여, 그 중의 8개의 합이 짝
수가 된다. 이 8개가 최대라고 하는 것은 위의 설명으로부터 명백
하다.

A, B 두 사람이 2개의 정수의 차를 계산하였더니, A의 답은 196, B의 답은 520이 되었다. 자세히 조사해 본즉 A의 답은 옳았으나, B는 이상한 계산을 하고 있었다. 즉 작은 쪽 수의 1의 자리수를 잘못 봐서 한 자리수만큼 작은 수로서 계산했던 것이다. 원래의 두 정수 중 큰 정수는 얼마인가?

힌트

재미있는 문제이다. 답은 한 가지만이 아니기 때문에 모든 답을 얻도록 하여야 한다.

해답

1의 자리수를 빠뜨리고 잘못 보았다고 하므로, 작은 쪽의 수는 약 1/10로 줄어드는데 정확한 것은 알 수가 없다. 그러나 약 1/10의 수를 빼야 한다는 것은 결과적으로 약 9/10 정도가 커진 다는 것이다. 이 때문에 B와 A의 답의 차

520-196=324

는, 작은 쪽의 수의 약 9/10배이다. 이 때 작은 쪽 수의 1의 자리 수가 0이라면, 작은 쪽 수는 정확히

$$324 \div \frac{9}{10} = 360$$

이다. 이 경우는 나누어 떨어지기 때문에, 큰쪽의 수를 556(= 360+196)으로 하면 된다.

작은 쪽 수의 1의 자리 수가 0이 아닐 때는, 빠뜨린 수는 1에 서부터 9까지의 어느 것이 된다. 그렇게 되면 그 1/10은 0.1에서 부터 0.9까지의 어떤 수가 될 것이고, 이것은 다시 324에서 뺀 값이, 작은 쪽 수의 9/10에 정확하게 일치한다. 이런 관점으로 계 산하면 작은 쪽의 수는

$$(324 - 0.1) \div \frac{9}{10} \fallingdotseq 359.89$$

에서부터

$$(324 - 0.9) \div \frac{9}{10} = 359$$

의 두 수 사이에 있게 된다. 그 사이에는 정수가 359뿐이고, 이것 이 작은 쪽의 수가 되고, 이 때의 큰 쪽의 수는

359+196=555

이다.

문제 15

임의로 다섯 자리의 수를 쓰고, 이것을
역으로 하여 먼저 수에 더한다. 예를 들면
다섯 자리수를 82391이라고 한다면, 오른

$$
\begin{array}{r}
8\ 2\ 3\ 9\ 1 \\
+)\ 1\ 9\ 3\ 2\ 8 \\
\hline
1\ 0\ 1\ 7\ 1\ 9
\end{array}
$$

쪽에 보인 것같이 계산한다. 어떤 다섯 자리수에 대하여, 이같
은 계산을 하였더니, 그 합이 163535가 되었다. 이 때의 어떤
수의 100자리의 수(아래 계산의 ○)를 구하여라.

$$
\begin{array}{r}
\square\ \triangledown\ \bigcirc\ \diamondsuit\ \triangle \\
+)\ \triangle\ \diamondsuit\ \bigcirc\ \triangledown\ \square \\
\hline
1\ 6\ 3\ 5\ 3\ 5
\end{array}
$$

힌트

1, 10, 1000, 10000의 자리수는 여러 가지로 취할 수가
있으나, 100의 자리수만은 딱 한 가지로 결정된다.

해답

합을 보면 1의 자리 수는 5이다. 이것으로부터 △과 □의 합은 5이거나 15이다. 그러나 5로 하면 제일 높은 두 자리수인 16이 나오지 않는다. 이래서

△+□=15

로 결정된다.

```
  □ 0 0 0 △
+)△ 0 0 0 □
─────────────
1 5 0 0 1 5
```

지금 10000의 자리수는 □, 1000, 100 그리고 10의 세 개의 자리수는 0, 1의 자리수를 △으로 하여 오른쪽에 보인 계산을 생각한다. 이 결과는 150015이므로

163535-150015=13520

에 주의하면, 가운데의 세 자리수에 대하여는

```
  ▽ ○ ◇
+)◇ ○ ▽
─────────
1 3 5 2
```

가 될 것이다. 따라서 1의 자리수의 2를 보면, ◇와 ▽의 합은 2 나 12이다. 그러나 2로 하면 제일 높은 두 자리 수의 13이 나오지 않는다. 그리하여

◇+▽=12

로 결정된다.

```
  ▽ 0 ◇
+)◇ 0 ▽
─────────
1 2 1 2
```

지금 100의 자리수는 ▽, 10의 자리수는 0, 1의 자리수는 ◇로 하여 오른쪽에 보인 계산을 생각하여 보면, 이 결과는 1212이므로

1352-1212=140

에 주의하면, ○을 2개 더한 것은 14이다. 이것으로부터 원래의 다섯 자리수의 100의 자리수는 7이 된다.

2장
도형의 문제

오른쪽 그림처럼, 정사각형의 접지를 5개 부분으로 잘랐다. 접지의 네 모서리로부터 5㎝ 떨어진 곳에서 45°로 가위질을 하여, 중앙에 작은 정사각형이 만들어지게 한 것이다. 이 작은 정사각형의 면적은 몇 ㎠인가?

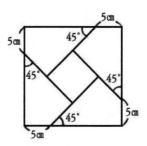

힌트

초등학생은 '피타고라스의 정리'와 같은 수준 높은 정리는 모른다. 하기야 알고 있더라도 별로 쓸모가 없을는지도 모르지만.

42

해답

오른쪽 그림과 같이, 두 변의 길이가 각각 5㎝인 직각 이등변삼각형을 접지의 네 모서리에 보충하여 본다. 그러면 작은 정사각형을 에 워싸고 4개의 커다란 직각 이등변삼각형이 만들어지는데, 이 빗변의 길이는 접지의 한 변의 길이와 같다. 이것으로부터 이 4개의 커다란 직각 이등변삼각형을 써서도, 오른쪽 그림의 위와 같이, 접지와 같은 크기의 정사각형을 만들 수 있다. 그러면 중앙의 작은 정사각형이 남게 되는데, 이 면적은 보충한 4개의 작은 직각 이등변삼각형의 면적과 같을 것이다.

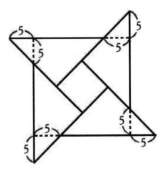

작은 직각 이등변삼각형의 한 변의 길이가 5㎝이므로, 그 면적은

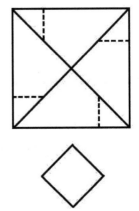

$$\frac{5 \times 5}{2} = 12.5(\text{cm}^2)$$

이다. 이것을 4개 합치면, 합계가

12.5×4=50(cm²)

이므로, 접지의 중앙에 생긴 작은 정사각형의 면적도 50cm²이다.

더우기 이 문제에서 재미있는 것은, 접지 자체의 크기를 임의로 바꾸어도 상관이 없다는 점이다.

오른쪽 그림의 직육면체에 대하여, 꼭지점 A 주위의 세 직사각형의 면적을 구해 보니, 왼쪽 직사각형의 면적은 216cm², 오른쪽은 96cm², 위쪽은 144cm²였다. 꼭지점 A 주위의 세 변 AB, AC, AD 의 길이를 구하여라.

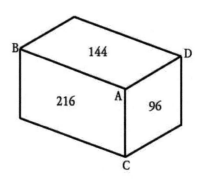

힌트

재미있는 문제이다. 216, 96, 144에 대하여 그 각각을 2 개의 수의 곱으로 분해하여, 그것을 잘 조정하면 좋을 것 같은데, 각 변와 길이를 단번에 구하는 방법이 있다.

해답

왼쪽의 직사각형의 면적은

$AB \times AC = 216(㎠)$

이고, 오른쪽 직사각형의 면적은

$AG \times AD = 96(㎠)$

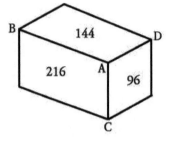

이다. 이 둘을 곱하면

$(AB \times AC) \times (AC \times AD) = 216 \times 96 = 20736$

이 된다. 그런데 위쪽 면적은 $AB \times AD = 144(㎠)$이므로, 20736을 144로 나누면

$AC \times AC = 20736 \div 144 = 144(㎠)$

가 된다. 그래서 144를 같은 2개의 수의 곱으로 분해하면 12×12가 된다. 이것으로 변 AC의 길이는 12㎝로 결정된다. 그러면

$$\frac{AB \times AC}{AC} = \frac{216}{12} = 18$$

로부터 변 AB의 길이는 18㎝가 된다. 또

$$\frac{AB \times AD}{AC} = \frac{96}{12} = 8$$

로부터 변 AD의 길이는 8㎝가 된다.

또 216, 96, 144의 셋을 곱하면

$(AB \times AC \times AD) \times (AB \times AC \times AD)$
$= 216 \times 96 \times 144 = 2985984 = 1728 \times 1728$

로 하고, 이것으로부터

$$AB = \frac{AB \times AC \times AD}{AC \times AD} = \frac{1728}{96} = 18(㎝)$$

로 할 수도 있으나, 이것은 계산이 매우 복잡하다.

정육각형 ABCDEF를 바탕으로
하여, 오른쪽 그림과 같은 것을
만들었다. 정삼각형 ACE의 면적
은, 정육각형 ABCDEF의 몇 분의
몇이냐? 또 빗금을 친 부분의 면
적의 합은, 정육각형 ABCDEF 면
적의 몇 분의 몇인가?

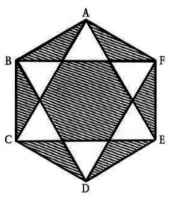

힌트

정육각형 속에 포함되어 있는 여러 가지 도형의 면적을 구
할 수도 있으나, 더 좋은 방법을 생각할 수 있다. 도형의
문제는 도형으로서 생각하는 것이 제일 좋은 방법이다.

46

해답

오른쪽 그림처럼, 중앙의 정삼각형에서부터 바깥쪽 부분을 떼어낸다. 떼어낸 이 바깥쪽의 셋을 합치면, 그 아래 그림처럼 같은 크기의 정삼각형이 역방향으로 만들어진다. 이것으로부터 정삼각형 ACE의 면적은, 원래의 큰 정육각형의 면적의 1/2이다.

다음에 빗금 부분의 면적의 합을 조사하기 위하여, 먼저 빗금이 없는 6개의 정삼각형을 그림과 같이 접속한다. 그러면 이것은 빗금을 그은 중앙의 작은 정육각형과 같은 크기가 된다. 또 바깥쪽의 6개의 둔각이등변삼각형에 대하여도, 오른쪽 그림처럼 바꾸어 맞춘다. 그러면 이것도 같은 크기의 정육각형이다. 이리하여 원래의 크기인 정육각형은, 같은 크기의 3개의 정육각형으로 분리되었다. 이들 중의 2개는 빗금이 그어진 것이고, 1개는 그어지지 않은 것이므로, 빗금이 있는 부분의 전체 면적은 원래의 큰 정육각형의 면적의 2/3가 된다.

문제 19

아래 그림의 치수로서, 직사각형을 4개의 작은 직사각형으로 나누어, 빗금을 그은 삼각형을 만들었다. 이 삼각형의 면적을 구하여라.

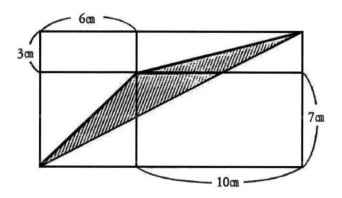

힌트

삼각형의 면적을 직접 구하려면 힘들다. 획기적인 착상의 변환을 시도하여라.

해답

오른쪽 그림에서 빗
금을 그은 각 부분의
면적을 계산하고, 이
것을 전체 직사각형의
면적에서 빼면, 요구
하는 삼각형의 면적을
얻게 된다.

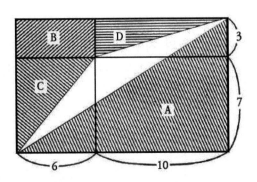

먼저 A로 표시한
오른쪽 아래의 삼각형 면적은 밑변의 길이가 16㎝, 높이가 10㎝
인 직각삼각형이므로

$$\frac{16 \times 10}{2} = 80(\text{㎠})$$

이다. 마찬가지로 B로 표시한 직사각형의 면적은

$$3 \times 6 = 18(\text{㎠})$$

C로 표시한 직각삼각형의 면적은

$$\frac{6 \times 7}{2} = 21(\text{㎠})$$

D로 표시한 직각삼각형의 면적은

$$\frac{10 \times 3}{2} = 15(\text{㎠})$$

이다. 이들의 합계는

$$80 + 18 + 21 + 15 = 134(\text{㎠})$$

이기 때문에, 흰색으로 된 삼각형의 면적은

$$(16 \times 10) - 134 = 26(\text{㎠})$$

가 된다.

문제 20

2개의 평행선과 교차하는 임
의의 직선을 오른쪽 그림과 같
이 그으면, 2개의 엇각은 언제
나 같아진다. 이 성질을 이용하
여 아래의 (가)와 (나)의 두 그
림 속에 있는 각 x를 구하여
라. 단 문제의 상하 두 직선은 서로 평행선이다.

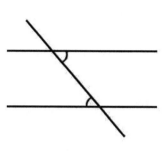

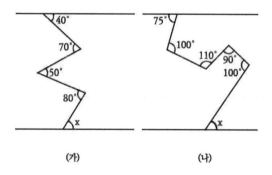

(가)   (나)

힌트

보기만큼 어렵지는 않다. 평행선의 성질을 어디에서 어떻게
이용하느냐에 달려 있다.

50

해답

(가)에 대하여는 A, B, C, D, E
의 5개점을 오른쪽 그림처럼 잡
고, B, C, D의 3개점으로부터 평
행선을 점선과 같이 긋는다. 그러
면 평행선에 대하여 엇각의 크기
가 같다는 것으로부터, 점 B의
70°는 40°와 30°로 나뉘어지고,
점 C의 50°는 30°와 20°로, 점

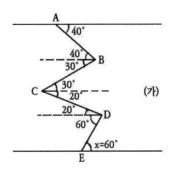

(가)

D의 80°는 20°와 60°로 나뉘어진다. 이리하여 점 E의 x는 60°
가 된다.

(나)에 대하여는 A, B, C, D,
E, F의 6개점을 오른쪽 그림과
같이 잡고, B, C, D, E의 4개점
으로부터 평행선을 점선처럼 긋는
다. 그러면 점 B의 100°는 75°와
25°로 나뉘고, 점 C는 25°의 각
이 생겨서, 110°와의 합은 135°

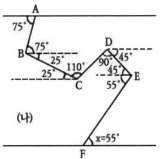

(나)

가 된다. 이 135°가 점 D에서 90°와 45°로 나뉘어지고, 점 E의
100°는 45°와 55°로 나뉘어진다. 이렇게 하여 점 F의 x의 크기
는 55°가 된다.

또 (가)에 대하여는 왼쪽으로부터 오른쪽으로 향한 각(점 B의
70°와 점 D의 80°)의 합과, 오른쪽에서 왼쪽으로 향한 각(점 A의
40°와 점 C의 50°와 점 E의 60°)의 합이 같아지므로, 이 관계로부
터 x의 크기를 구할 수도 있다.

오른쪽 그림은 정사각형
의 접지 ABCD를 절반으로
접은 선 EF 위에, 접지의
두 모서리 A와 B가 만나도
록 접은 것이다. 그림 속의
각 x는 몇 도인가?

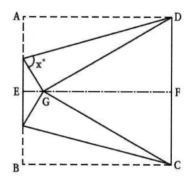

힌트

문제의 본질을 깨닫지 못하면 꽤 어려운 문제이다. 먼저
삼각형 GCD가 어떤 형태의 삼각형인가를 생각하여 보자.

해답

정사각형의 접지를 되접은 것이므로, GC와 GD는 어느 쪽도 다 접지의 한 변의 길이가 된다. △GCD는 정삼각형이고, 그림에 보인 3개의 각은 60°이다.

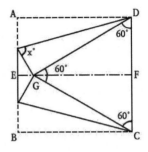

접지의 네 모서리는 90°이므로, D의 각은 오른쪽 그림과 같은 크기가 된다. 여기서 15°가 2개 생긴 것은, 종이를 완전히 같은 각도로 되접었기 때문이다.

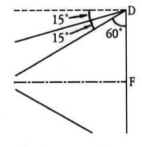

따라서 되접힌 위쪽 삼각형에 대하여는, D인 곳이 15°, G인 곳이 90°(접지의 모서리가 되어 있다)가 된다. 삼각형의 내각의 합은 180°이므로

$x=180-(90+15)=75$

도가 된다.

이것으로서 x의 각도를 간단히 계산할 수 있다.

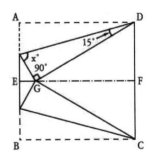

문제 22

　삼각형 ABC의 세 변 AB, BC, CA를 아래 그림처럼, 각각 2
배로 연장한 점을 가, 나, 다라고 한다. 삼각형 가, 나, 다의
면적은 삼각형 ABC의 몇 배인가? 다만 원래의 삼각형 ABC는
임의의 삼각형으로 한다.

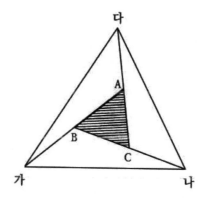

힌트

해법을 찾지 못하면, 핵심을 잡을 수 없는 문제가 된다. 그
점을 바로 찾지 못하면 꽤나 어려운 문제이다.

해답

출제된 그림으로부터 일부를 뽑아내어, 삼각형 ABC와 삼각형 다C나의 면적을 비교하여 본다. 두 삼각형의 밑변을 각각 BC, C나 라고 하면, 변 BC를 2배로 연장한 점이 나이므로, 두 밑변의 길이는 같다. 또 A와 다를 통과하여 변 BC에 평행인 직선(그림 속의 두 점선)을 그으면, 변 CA를 2배로 연장한 점이 다이므로, 변 BC와 점 다를 통과하는 점선과의 폭은 A를 통과하는 점선과의 폭의 2배가 된다. 이리하여 밑변의 길이가 같고, 높이가 2배로 되므로, 삼각형 다C나의 면적은 삼각형 ABC의 면적의 2배가 된다.

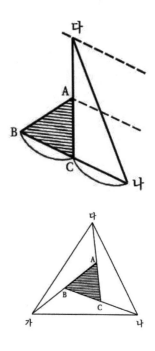

같은 이유로 삼각형 가A다의 면적과 삼각형 나B가의 면적도 삼각형 ABC의 면적의 2배가 된다. 이리하여 삼각형 가나다 속에는, 원래의 삼각형 ABC 이외에, 그 면적의 2배가 되는 삼각형이 3개 포함되므로, 전체로서는 삼각형 ABC의 면적의 7배(=2×3+1)인 삼각형이 된다.

이 문제는 어려운 문제라기보다는 아주 잘 만들어진 훌륭한 문제라고 할 수 있다.

오른쪽 그림에서 사각형 ABED와 사각형 AFCD는 둘 다 평행사변형이며, AF 와 DE는 서로 직각으로 교 차해 있다. AD, DG, GA

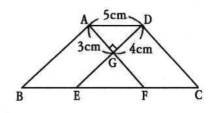

의 길이는 각각 5㎝, 4㎝, 3㎝이고, 평행사변형 ABED의 면적은 36㎠이다. 사각형 ABCD와 삼각형 GEF의 둘레의 길이는 각각 얼마인가? 또 이 사각형과 삼각형의 면적은 각각 얼마인가?

힌트

변 AD와 변 BC는 서로 평행이지만, 이것에 지나치게 집 착하면 어려워진다. 다른 방향으로도 눈을 돌려 보자.

해답

평행사변형 ABED의 밑변을
DE로 하면, 높이는 AG이다.
이 면적은 36㎠이므로, DE의
길이는 12㎝이고, 변 AB의 길
이도 12㎝이다. 또 2개의 평행
사변형 ABED, AFCD의 밑변

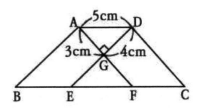

을 AD라 하면 높이는 같다. 이것으로부터 평행사변형 AFCD의
면적도 36㎠가 되고, 변 AF와 변 DC는 9㎝(=36÷4)이다.

다음에는 삼각형 GDA와 삼각형 GEF를 비교해 보면, 세 내각
은 각각 같으므로 두 삼각형은 닮은꼴이다. 변 GF는 6㎝(=9-3)
이므로, 변 EF는 변 AD의 2배인 10㎝이다. 이리하여 사각형
ABCD의 둘레의 길이는

AB+BC+CD+DA=12+(5+10+5)+9+5=46(㎝)

가 되고, 삼각형 GEF 둘레의 길이는

GE+EF+GF= (12-4)+10+6=24(㎝)

가 된다. 또 삼각형 GEF의 면적은

$$\frac{GE \times GF}{2} = \frac{8 \times 6}{2} = 24(㎠)$$

삼각형 AGD의 면적은

$$\frac{AG \times GD}{2} = \frac{3 \times 4}{2} = 6(㎠)$$

이므로, 사각형 ABCD의 면적은

36+24+(36-6)=90(㎠)

가 된다.

오른쪽 그림은 정육면체의 한 꼭지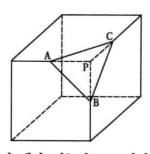
점 P와 이 꼭지점에 모이는 세 모서
리의 중점 A, B, C로써 이루어지는
삼각뿔 PABC를, 정육면체로부터 떼
어낸 것이다. 이같은 삼각뿔을 각 꼭
지점에서 모두 떼어내면, 새로 만들
어진 입체의 꼭지점과 모서리는 각각 몇 개가 되는가? 또 어떠
한 면이 각각 몇 개씩 만들어지는가?

힌트

정육면체의 각 면이 어떤 형태가 되는가를 조사하면 거의
해결된다.

해답

정육면체의 한 면을 생각하면, 오른 쪽 그림과 같이 떼어내지므로, 남는 부분은 정사각형이 된다. 이것은 정육면체의 어느 면에 대하여도 같으므로, 삼각뿔을 떼어낸 입체의 각 모서리는 모두 같은 길이가 된다. 이리하여 떨어져 나간 꼭지점이 있는 곳에는 정삼각형이 생기고, 원래의 정육면체의 면이던 곳은 정사각형이 만들어진다. 이상으로부터 새로 만들어진 정육면체는 오른쪽 그림처럼 된다.

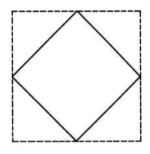

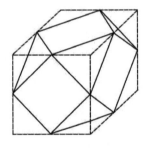

그런데 이 입체의 꼭지점은 원래의 정육면체의 윗면과 아랫면에 4개씩 있고, 측면의 4개의 중앙에 1개씩 있어서 모두 12개가 된다. 또 이 입체의 모서리는 원래의 정육면체의 각 면에 4개씩 있어서 합계 24개(=4×6)이다.

이 입체인 면에 대하여는, 꼭지점을 떼어낸 여덟 군데에 1개씩의 정삼각형이 만들어지고, 정육면체의 각 변의 나머지 부분에 1개씩의 정사각형이 만들어지므로, 8개의 정삼각형과 6개의 정사각형이 된다.

또 이 입체는 「아르키메데스」의 준 정다면체(準正多面體)의 하나이다.

오른쪽 그림과 같은 직각삼
각형 ABC가 있다. 점 P를 지
나는 3개의 직선은, 삼각형
ABC의 세 변과 평행을 이루
고 있다.

AD:DE:EC=3:4:2일 때, 빗
금을 친 부분의 세 삼각형의
면적의 합을 구하여라.

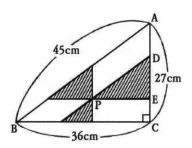

힌트

같은 모양이라도 크기가 다른 닮은꼴의 삼각형이 여러 개
있다. 이들 사이의 길이에 대한 관계를 구하면 해결된다.

해답

네 점 F, G, H, I를 오른쪽 그
림과 같이 정하면, 빗금친 3개의
삼각형은 다같이 삼각형 ABC와
닮은꼴이므로,

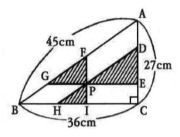

$$\frac{DE}{PE}=\frac{PI}{HI}=\frac{FP}{GP}=\frac{AC}{BC}=\frac{27}{36}=\frac{3}{4}$$

이다. 또

AD:DE:EC=3:4:2
AD+DE+EC=27(㎝)

이므로, AD=9㎝, DE=12㎝, EC=6㎝이다. 또 EPIC는 직사각형,
AFPD는 평행사변형이므로

PI=EC=6(㎝)
FP=AD=9(㎝)

이다. 이것으로부터

$$PE=DE\times\frac{4}{3}=12\times\frac{4}{3}=16(㎝)$$

$$HI=PI\times\frac{4}{3}=6\times\frac{4}{3}=8(㎝)$$

$$GP=FP\times\frac{4}{3}=9\times\frac{4}{3}=12(㎝)$$

가 되어, 빗금친 세 삼각형의 면적의 합은

$$\frac{16\times12}{2}+\frac{8\times6}{2}+\frac{12\times9}{2}=174(㎠)$$

가 된다.

문제 26

크기가 다른 두 개의 정사각형 A, B가 있다. 아래의 왼쪽 그
림과 같이, B의 대각선이 만나는 점에, A의 한 꼭지점을 겹쳤
더니, 겹쳐진 부분의 면적이 A의 면적의 1/9이 되었다. A와 B
의 변의 길이의 비를 간단한 정수의 비로 나타내어라. 또 아래
쪽 오른편 그림과 같이 A와 B를 반대로 해서 겹치면, 겹쳐진
부분의 면적은 B의 몇 분의 몇인가?

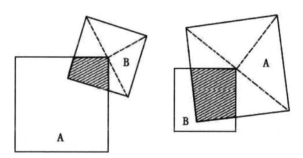

힌트

B의 대각선이 만나는 점을 A의 한 꼭지점에 겹쳐 놓았을
뿐이지, 구체적으로 겹치는 방법에 대하여는 결정되어 있지
않다.

해답

정사각형 B를 중심으로 하여, 전체를 약간 크게 확대하면 오른쪽 그림처럼 된다. 이 때 A와 B가 정사각형이기 때문에, 빗금을 친 2개의 삼각형은, B의 대각선의 교점을 중심으로 하여 90°만큼 회전한 것으로 되어 있다. 이렇게 A와 B가 겹쳐진 부분의 면적은, B의 대각선

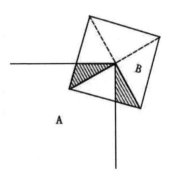

의 교점을 A의 한 꼭지점에 겹쳐 놓는 한, 언제나 B의 면적의 1/4이다. 그러면 A의 면적의 1/9과 B의 면적의 1/4이 같아지고, A와 B의 면적의 비는 9:4이다. 이것은 변의 길이의 비로 고치면, 어느 쪽도 정사각형이기 때문에

3:2

가 된다.

다음에 A의 대각선의 교점을 B의 한 꼭지점에 겹치면, 겹쳐진 부분의 면적은, 전과 같은 이유로 A의 면적의 1/4이다. 그런데 B의 면적은 A의 면적의 4/9이므로, 겹쳐진 부분의 면적은 B의 면적의

$$\frac{1}{4} \div \frac{4}{9} = \frac{9}{16}$$

가 된다.

얼핏 보기에는 애매한 것 같으나, 정확하게 풀려지는 데에 이 문제의 우수한 점이 있다.

오른쪽 그림의 사각형 ABCD
는 A와 B의 내각이 직각인 사다
리꼴이다. E는 변 DC의 중점이
고, 직선 PE는 사다리꼴 ABCD
의 면적을 이등분하도록 그어져
있다. 세 변 AD, AB, BC의 길
이가 각각 10㎝, 20㎝, 36㎝라고
할 때, PB의 길이는 얼마인가?

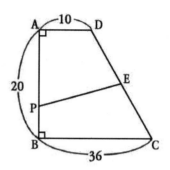

힌트

사다리꼴의 면적을 이등분하는 방법을 어떻게 하느냐에 달
려 있으며, 잘못하면 미궁에 빠지게 된다.

해답

변 AB의 중점을 F로 하고, E와 F를 오른쪽 그림의 점선처럼 연결한다. 그러면 E, F는 각각변 DC와 AB의 중점이 되기 때문에, FE의 길이는 변 AD와 변 BC의 길이의 평균으로 되어,

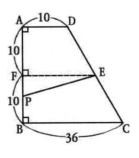

$$FE= \frac{10+36}{2} = 23(\text{cm})$$

가 된다. 또 변 AD와 변 FE는 평행이기 때문에, 사다리꼴 AFED의 면적은

$$\frac{(AD \times FE) \times AF}{2} = \frac{(10+23) \times 10}{2} = 165(\text{cm}^2)$$

이다. 한편 원래의 사다리꼴 ABCD의 면적은

$$\frac{(AD \times BC) \times AB}{2} = \frac{(10+36) \times 20}{2} = 460(\text{cm}^2)$$

이고, 이것의 절반은 230cm²(=460÷2)이다. 이것으로부터 삼각형 EFP의 면적이

230-165=65(cm²)

가 되게 P의 위치를 결정하면 되고, 이것은

$$\frac{FP \times EF}{2} = \frac{FP \times 23}{2} = 65$$

따라서

$$FP= \frac{65 \times 2}{2} = 5\frac{15}{23}(\text{cm})$$

가 된다. 이것으로부터 PB의 길이는 $4\frac{8}{23}$ cm이다.

원의 지름 AB를 10등분하여

AC=1, CD=2, DE=3, EB=4

가 되도록 C, D, E를 취
한다. AC, AD, AE를 지
름으로 하는 반원을 AB의
위쪽에 그리고, BC, BD,
BE를 지름으로 하는 반원
을 AB의 아래쪽에 그린다.
오른쪽 그림의 빗금을 그
은 부분의 도형을 R, S로
할 때, 그 면적의 비는 얼마일까?

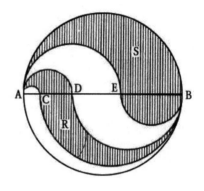

힌트

예로부터 전해 오는 유명한 문제의 변형이다. 복잡한 두
개 도형의 비교인데도, 면적의 비는 의외로 간단하다.

해답

원의 면적은

원의 면적=반지름×반지름×원주율

로 계산하는데, 여기서는 면적의 비례 만을 생각하므로, 항상 곱하고 있는 원주율은 생략하여 (반지름)×(반지름) 으로 해도 같다. 그러므로 원주율을 곱하는 것을 생략한다.

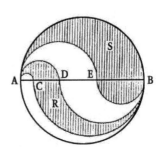

계산을 쉽게 하기 위하여 AC의 길이를 2로 하면 AD의 길이는 6이 되고, AB의 위쪽에 있는 R의 면적은

$(3 \times 3 - 1 \times 1) \div 2 = 4$

가 된다. 또한 BC의 길이는 18, BD의 길이는 14가 되므로, AB의 아래쪽에 있는 R의 면적은

$(9 \times 9 - 7 \times 7) \div 2 = 16$

이다. 이리하여 R의 전체 면적은 20(=4+16)이 된다. 다음에 AB의 길이는 20, AE의 길이는 12가 되므로, AB의 위쪽에 있는 S의 면적은

$(10 \times 10 - 6 \times 6) \div 2 = 32$

이다. 또 EB의 길이는 8이므로, AB의 아래쪽에 있는 S의 면적은

$4 \times 4 \div 2 = 8$

이다. 이리하여 S의 전체 면적은 40(=32+8)이 된다.

R의 면적은 20, S의 면적은 40이 되었으므로, 이 비는

$20:40=1:2$

가 된다. 이것은 놀라울 정도로 간단한 비이다.

오른쪽 그림의 사각형 ABCD
는, 한 변의 길이가 5㎝인 정사
각형이다. 점 E를 지나는 직선
을 그어, 빗금친 부분의 면적을
이등분하면, 그 직선은 꼭지점
B에서부터 몇 ㎝인 곳을 지나
가는가?

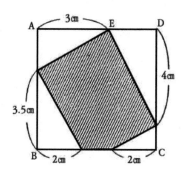

힌트

어렵게도 보이지만 실제는 간단하다. 그러나 빗금친 부분의
면적을 구하는 것이 선결 문제이다.

해답

이 정사각형의 면적은

$5 \times 5 = 25(\text{cm}^2)$

이다. 또 빗금친 부분을 제외한 4개의 직각삼각형의 면적은, 각각 왼쪽 아래 귀퉁이=3.5cm², 왼쪽 위 귀퉁이=2.25cm², 오른쪽 위 귀퉁이=4cm², 오른쪽 아래 귀퉁이=1cm²이다. 이것으로부터 빗금 부분의 면적은

$25 - (3.5 + 2.25 + 4 + 1) = 14.25(\text{cm}^2)$

이 되고, 그 절반은

$14.25 \div 2 = 7.125(\text{cm}^2)$

이다.

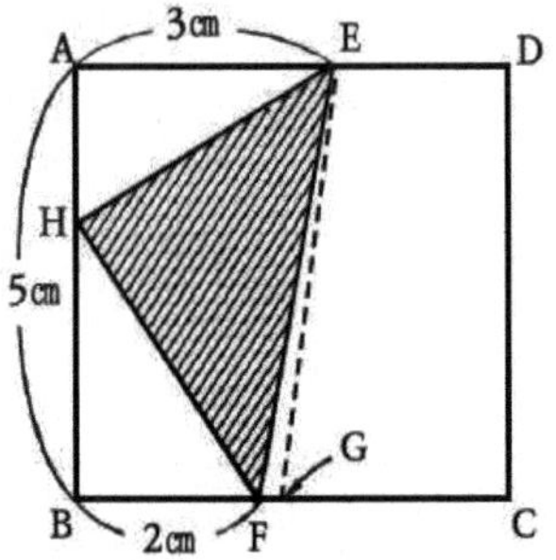

여기서 오른쪽 그림처럼, 변 BC 위 헤서 꼭지점 B로부터 2cm인 점을 F라고 하면, 사다리꼴 ABFE의 면적은

$$\frac{(3+2) \times 5}{2} = 12.5(\text{cm}^2)$$

이다. 이것으로부터 삼각형 EHF의 면적은

$12.5 - (3.5 + 2.25) = 6.75(\text{cm}^2)$

가 되고, 이것은 빗금 부분의 면적의 절반인 7.125cm²보다 0.375 cm²(=7.125-6.75)만큼 적어진다. 이 때문에 삼각형 EFG의 면적이 0.375cm²가 되도록 하면, 직선 EG는 빗금 부분의 면적을 이등분하게 된다. 삼각형 EFG의 높이는 5cm이므로

$FG = (0.375 \div 5) \times 2 = 0.15 \text{cm}$

가 되고, 꼭지점 B에서부터의 거리는 2.15cm(=2+0.15)가 된다.

　가로의 길이가 8㎝인 평행사변형을, 대각선을 따라서 아래 그림과 같이 되접었다. 그러자 빗금을 친 ㉮의 삼각형의 면적이, 원래의 평행사변형의 면적의 1/5로 되었다. 그림 속에 있는 x는 몇 ㎝인가?

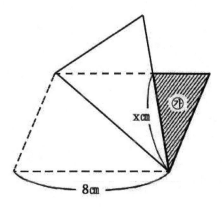

힌트

문제의 실마리를 어디서 찾느냐에 달려 있다. 되접었다고 하는 내용을 잘 생각해 볼 필요가 있다.

해답

평행사변형을 대각선으로 구획하면,
오른쪽 그림과 같이 2개의 같은 꼴의
삼각형이 된다. 이 때문에 평행사변형
을 대각선으로 되접으면, 좌우가 뒤집
어진 두 개의 똑같은 삼각형이 된다.
이 전체의 도형은 대각선을 수평 위치
로 가지런히 했을 때, 좌우 대칭이 된
다. 이 때문에 그림의 한쪽 길이가 x
㎝이면, 다른 한쪽도 x㎝가 된다. 이
것으로부터 ㉮의 삼각형의 밑변은 8-
x㎝이다.

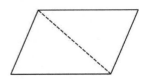

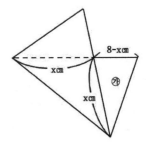

㉮의 삼각형의 높이는 원래의 평행
사변형의 높이와 같으므로, 면적이 평
행사변형의 1/5이라고 하는 것은, 8-
x의 길이가

$$(8 \times 2) \times \frac{1}{5} = \frac{16}{5} \text{(㎝)}$$

라고 하는 것으로, x는

$$8 - \frac{16}{5} = 4\frac{4}{5} = 4.8 \text{(㎝)}$$

가 된다.

이 문제에서는 도형을 되접는 것의 의미를 생각하는 것이 매우
중요하다.

문제 31

아래 그림과 같이 사다리꼴 ABCD가 있다. 변 AD와 변 BC
는 모두 변 AB에 수직이고,

AD=AB=3㎝

BC=7㎝, CD=5㎝

이다. 지금 변 CD 위에 E를 잡고, 선분 BE로 사다리꼴의 면
적을 이등분하고 싶다. CE의 길이는 몇 ㎝인가?

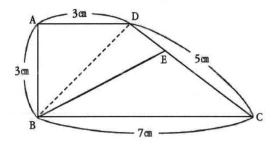

힌트

초등학생이라도 삼각형과 사다리꼴의 면적을 구하는 방법은
알고 있다. 그러나 수준 높은 정리(定理)는 알지 못한다.

해답

사다리꼴의 면적은 윗변과 아랫변을 더하여, 그것에다 높이를 곱한 후 2로 나누는 것이므로

사다리꼴 ABCD의 면적$= \dfrac{(3+7) \times 3}{2} = 15(\text{cm}^2)$

이다. 그 절반은 7.5cm²(=15÷2)이므로, 삼각형 BCE의 면적을 7.5 cm²로 하면 된다. 그래서 먼저 삼각형 BCD의 면적을 구하는 방법을 생각한다.

삼각형 ABD의 면적은

$$\dfrac{3 \times 3}{2} = 4.5(\text{cm}^2)$$

이므로,

삼각형 BCD의 면적=15-4.5=10.5(cm²)

이다. 이 때문에 삼각형 BCE의 면적을 7.5cm²로 하기 위해서는, 삼각형 BED의 면적을 3.0cm²(=10.5-7.5)로 하면 된다.

지금 삼각형 BCE의 밑변을 CE, 삼각형 BED 의 밑변을 ED라 하면, 그 높이는 모르지만 같다. 이것으로부터 삼각형 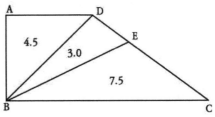 BCD의 면적을 7.5:3.0의 비로 나눈다는 것은, 5cm의 길이인 밑변 CD를 7.5:3.0으로 나누는 것과 같다. 이렇게

CE의 길이$= 5 \times \dfrac{7.5}{7.5+3.0} = 3\dfrac{4}{7}(\text{cm})$

가 된다.

아래 그림과 같이 직사각형 ABCD의 변 CD와 변 BC 위에
각각 점 P와 점 Q가 있고,

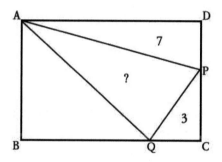

DP:PC=2:3

으로 되어 있다. 삼각형 APD의 면적이 7㎠, 삼각형 PQC의
면적이 3㎠일 때, 삼각형 APQ의 면적은 얼마인가?

힌트

먼저 삼각형 ABQ의 면적을 구하는 방법을 생각한다. 이것
에는 변 BQ와 변 QC의 관계가 필요하다.

해답

두 변 DP, PC의 비를 알고 있으므로, 이들의 길이를 가령 2㎝, 3㎝로 정해 보자. 그러면 삼각형 APD의 면적이 7㎠이므로

$$\frac{AD-DP}{2}=\frac{AD\times 2}{2}=7(\text{cm})$$

가 되고, 변 AD의 길이는 7㎝가 된다. 또 삼각형 PQC의 면적이 3㎠이므로

$$\frac{QC-CP}{2}=\frac{QC\times 3}{2}=3(\text{cm})$$

가 되고 변 QC의 길이는 2㎝가 된다. 또 변 BQ의 길이는 5㎝가 되고, 각 부분의 길이는 아래 그림과 같이 정해진다. 이 값은 DP 와 PC를 각각 2㎝, 3㎝로 했을 경우인데, 다른 값에서도 세로와 가로의 비율이 바뀌어질 뿐 면적에는 영향이 없다.

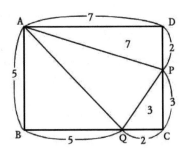

이렇게 삼각형 ABQ의 면적은

$$\frac{AB-BQ}{2}=\frac{5\times 5}{2}=12.5(\text{cm}^2)$$

직사각형 ABCD의 면적은

AB×AD=5×7=35(㎠)

가 되므로, 삼각형 APQ의 면적은

35-(7+3+12.5)=12.5(㎠)

가 된다.

문제 33

직사각형 ABCD가 아래 그림과 같이 있다. E, F, G는 변 AB를 4등분한 점이고, C, D와 F, G를 각각 연결하여, 삼각형 가, 나, 다, 라, 마를 그림과 같이 만든다. 이 다섯 삼각형의 면적의 비를 가장 간단한 정수로 나타내어라.

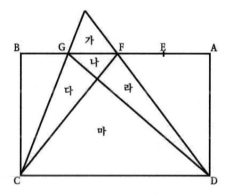

힌트

크기는 다르지만 모양이 같은 삼각형이 몇 개 있다. 이것들에 주목하는 일도 중요하다. 처음부터 계획을 세워서 생각하지 않으면 해결하기 난감하다.

해답

내용이 복잡하기 때문에 세 쪽에 걸쳐서 설명한다. 처음 오른쪽 그림처럼, 2개의 삼각형 나와 마를 빼낸다. 이 두 삼각형은 변 BA와 변 CD가 평행이므로, 크기는 달라도 모양이 같은 닮은꼴이다. 이 때문에 대응하는 두 변의 길이의 비가 같아지고, FC와 GD의 교점을 I로 하면

$$\frac{FI}{IC} = \frac{GI}{ID} = \frac{GF}{CD} = \frac{1}{4}$$

이다. 이리하여

IC=FI×4

ID=GI×4

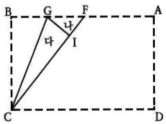

가 된다. 그러면 이 두 삼각형의 밑변을 GF, CD로 하면, 높이도 당연히 4배가 되므로 면적은 16배가 된다. 지금 마의 삼각형의 면적을 ㉮로 나타내면,

㉲=㉮×16

으로 쓸 수가 있다.

다음에 2개의 삼각형 나와 다를 끄집어 낸다. 이들의 면적을 조사하기 위하여, 밑변을 각각 FI, IC로 하면 높이는 어느 쪽도 같다. 이 때문에 나와 다의 면적은 밑변 FI, IC의 길이에 비례하고

IC=FI×4

의 관계에 주의하면

㉱=㉮×4

로 된다.

마찬가지로 하여 다음에는 2개의 삼각형 나와 라를 끄집어 낸다. 이번에는 밑변을 각각 GI, ID로 하면 높이는 다 같다. 또 밑변 GI, ID 사이에

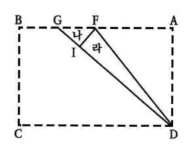

　ID=GI×4

의 관계가 있었기 때문에

　라=나×4

로 된다.

다음에 오른쪽 그림과 같이 사다리꼴 GCDF의 면적을 생각한다. 이것은 나, 다, 라, 마의 4개의 삼각형의 면적을 합한 것이므로 간단하다. 이미 알

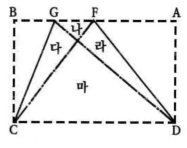

아 본 결과로부터 나의 몇 배가 되는가를 계산하면,

　사다리꼴 GCDF의 면적=나+다+라+마
　=나+나×4+나×4+나×16
　=나×25

가 된다.

마지막으로 가와 나의 삼각형의 관계를 알아보기 위하여, GC와 FD의 교점을 H로 하여, 두 개의 삼각형 HGF와 HCD를 다음 페이지의 그림과 같이 끄집어 낸다. 그러면 변 BA와 변 CD가 평행이기 때문에 이 두 삼각형도 닮은 꼴이다. 변 CD는 변 GF의 4배이므로, 나와 마의 삼각형을 비교했을 때와 마찬가지로,

삼각형 HCD의 면적=㉮×16

이 된다. 그러나 삼각형 HCD는 삼각형 가와 사다리꼴 GCDF를 합한 것이므로,

사다리꼴 GCDF의 면적=㉮×15

로 된다. 그러면 사다리꼴 GCDF의 면적은 ㉯의 25배이므로, 가의 면적은

$$㉮=㉯×\frac{15}{25}=㉯×\frac{5}{3}$$

가 된다.

이상의 결과를 정리하면

㉭=㉯×16

㉰=㉯×4

㉱=㉯×4

$$㉮=㉯×\frac{5}{3}$$

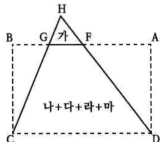

가 된다. 이것으로부터 가, 나, 다, 라, 마의 다섯 개의 삼각형의 면적의 비는

$$\frac{5}{3}:1:4:4:16$$

이 되고, 모두를 3배하면

5:3:12:12:48

이다. 사고 방식은 그다지 어려운 문제가 아니지만, 꽤나 복잡한 계산이었다.

문제 34

AB=5cm, BD=8cm의 마름모꼴 ABCD와 PQ=3cm, PS=4cm인
직사각형 PQRS가 아래의 그림처럼 겹쳐져 있다.

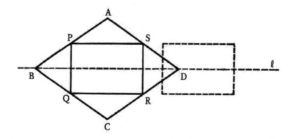

지금, 마름모꼴은 그대로 두고, 직사각형을 직선 ℓ을 따라서
오른쪽으로 5cm만큼 이동시킨다. 직사각형과 마름모꼴이 겹쳐
있는 부분의 면적은 얼마인가?

힌트

마름모꼴의 세로의 대각선 AC의 길이를 먼저 구하여야 한
다. 겹쳐진 부분의 삼각형은 그 뒤에 결정한다.

해답

직사각형의 가로변 PS의 길이는 4 cm, 마름모꼴의 가로 대각선 BD의 길이는 8cm이므로, 마름모꼴의 대각선의 길이는 직사각형의 가로변의 2배이다. 이 때문에 마름모꼴의 세로 대각선 AC의 길이도 직사각형의 세로변 PQ 의 길이의 2배가 된다. 이리하여 AC 의 길이는 6cm(=3×2)가 된다.

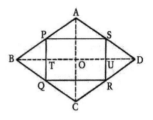

마름모꼴의 두 대각선의 교점 O는, 마름모꼴과 직사각형 양쪽의 중심으로 되어 있다. 이 때문에 대각선 BD와 직사각형의 두 변 PQ, SR의 교점을 각각 T, U로 하면

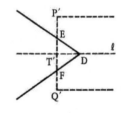

$$TO=OU=UD=2(cm)$$

이다. 이것으로부터 직사각형 PQRS를 오른쪽으로 5cm 이동시키면, 점 T는 점 U와 점 D의 중앙에 오게 된다.

지금 오른쪽으로 5cm 이동시킨 직사각형을 P′Q′R′S′로 하고, 겹쳐진 부분을 확대하여 두번째 그림과 같이 그린다. 그러면 겹쳐진 삼각형 DEF와 삼각형 DAC는 닮은꼴이며, 그 절반인 삼각형 DET′와 삼각형 DAO도 닮은꼴이다. 이것으로부터

$$DT′:EF=DO:AC$$

가 되는데, DT′=1cm, DO=4cm, AC=6cm이므로, EF는 1.5cm가 된다. 이리하여

$$겹쳐진\ 부분의\ 면적 = \frac{DT′ \times EF}{2} = \frac{1 \times 1.5}{2} = 0.75(cm^2)$$

세 변의 길이가 3㎝, 4㎝, 5㎝인 직각삼각형 ABC가 있다.
이 삼각형의 밑변 BC 위에서 점 B로부터 3㎝ 떨어진 점 P를
증심으로 하여, 삼각형을 시계 바늘과 반대 방향으로 90° 회전
시킨 삼각형을 DEF로 한다. 2개의 직각삼각형 ABC와 DEF가
겹쳐진 부분(빗금친 부분)의 면적을 구하여라.

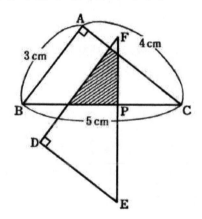

힌트

이것은 꽤나 어려운 문제이다. 어쩌면 고등학생도 풀 수
없을는지 모른다.

해답

이 문제는 좀 복잡하기 때문에, 세 쪽에 걸쳐서 설명한다. 그림과 같이 변 BC와 변 DF의 교점을 Q, 변 AC와 변 EF의 교점을 R, 변 AC와 변 DF의 교점을 S라 한다. 그러면 구하고자 하는 것은 삼각형 FQP의 면적으로부터 삼각형 FSR의 면적을 뺀 것이 된다.

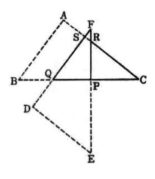

그래서 먼저 삼각형 FQP에 대하여 생각해 본다. 이 삼각형은 삼각형 CRP를 90° 회전시킨 것이므로,

QP=RP, FP=PC

이다. PC의 길이는 2cm(=5-3)이므로, FP의 길이도 2cm이다. RP의 길이를 구하는 데는, 삼각형 ABC와 삼각형 PRC를 생각한다. 이 두 삼각형의 세 내각은 각기 같으므로, 크기는 달라도 같은 모양의 닮은꼴이다. 이 때문에

AB:AC=PR:PC

이다. 변 AB와 변 AC, 변 PC의 길이는 알고 있으므로, 이 값을 넣으면

3:4=PR:2가 된다. 이것으로부터

$$PR = \frac{3 \times 2}{4} = 1.5 (cm)$$

로 계산된다. 이렇게 변 QP의 길이도 1.5cm라는 것을 알게 된다.

삼각형 FQP는 직각삼각형이며, 직각을 이루는 두 변 QP, FP의 길이를 알았기 때문에, 그 면적은

삼각형 FQP의 면적$=\dfrac{QP \times FP}{2}=\dfrac{1.5 \times 2}{2}=1.5(\text{cm}^2)$

가 된다. 이것으로 한쪽 삼각형의 면적은 구해졌다.

다음은 삼각형 SRF의 면적이다. 이것을 구하는 데는, 삼각형 SRF와 삼각형 PQF의 관계를 알아보는 것이 제일 중요하다. F의 내각은 두 삼각형에서 공통이므로 같다. 또 삼각형 DEF는 삼각형 ABC를 90° 회전시킨 것이므로, 변 AC와 변 DF는 수직이다. 이리하여 삼각형 SRF의 S의 내각과, 삼각형 PQF의 P의 내각은 모두 직각이다. 그러면 삼각형의 세 내각의 합은 180°이므로, 세 내각은 각각 같아지고, 이 두 삼각형은 닮은꼴이다.

이것으로부터 삼각형의 세 변의 비는 같으며,

PQ:QF=FP=SR:RF:FS

의 관계가 얻어진다. 그런데 세 변 PQ, QF, FP의 길이는 각각 1.5cm, 2.5cm, 2cm이고, 또 변 RF의 길이는

RF=FP-RP

=2-1.5=0.5(cm)

이다. 이 값을 대입하면

1.5:2.5:2=SR:0.5:FS

가 된다. 이렇게 SR에 대해서는

1.5:2.5=SR:0.5

$SR=\dfrac{1.5 \times 0.5}{2.5}=0.3(\text{cm})$

가 되고, FS에 대해서도

2.5:2=0.5:FS

$FS=\dfrac{2 \times 0.5}{2.5}=0.4(\text{cm})$

로 된다. SR과 FS는 직각을 끼는 두 변이므로, 이 삼각형 SRF의 면적은

삼각형 SRF의 면적$= \dfrac{0.3 \times 0.4}{2} = 0.06 (\text{cm}^2)$

이다. 구하고자 하는 사각형 PRSQ의 면적은

사각형 PRSQ의 면적$=1.5-0.06=1.44(\text{cm}^2)$

가 된다.

위의 해법에 대해서 두 변 SR, RF 사이의 관계에 대해서는 재미있는 관점이 있다. R과 Q를 연결하고, 삼각형 FRQ의 면적을 두 가지 방법으로 조사하는 것이다. 이 삼각형의 밑변을 FQ로 보면, 높이는 RS이다. 이 때문에 면적은

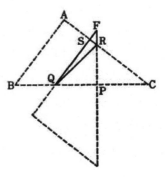

$$\dfrac{FQ \times RS}{2} = \dfrac{2.5 \times 0.3}{2} = 0.375 (\text{cm}^2)$$

이다. 한편 밑변을 FR로 보면, 높이는 QP이다. 이 때문에 면적은

$$\dfrac{FQ \times QP}{2} = \dfrac{0.5 \times 1.5}{2} = 0.375 (\text{cm}^2)$$

이다. 이 두 값은 정확하게 일치하고 있다.

오른쪽 그림과 같이 직각
이등변삼각형 ABC가 있다.
A의 내각이 직각이고, AB와
AC의 두 변의 길이는 각각
12cm이다. 또 BD의 길이는
빗변 BC 길이의 1/3이고,

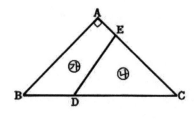

사각형 ㉮와 삼각형 ㉯의 비는 3:2가 되도록 점 E를 잡고 있
다. 이 때 AE의 길이는 얼마인가?

힌트

상당히 어려운 문제이다. 이대로는 풀 수 없기 때문에, 어
딘가에 선을 그어서 실마리를 만들어야 한다. 상대가 초등
학생이므로 수준 높은 정리(定理)는 하나도 모른다.

해답

오른쪽 그림처럼, B와 E를 점선으로 연결하고, 사각형 ABDE를 삼각형 ABE와 삼각형 EBD로 나누어 둔다. 이 그림에서는 삼각형 ABE를 ㉱, 삼각형 EBD를 ㉲로 하였다.

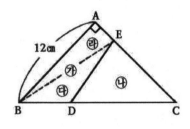

원래의 삼각형 ABC는 직각 이등변삼각형이므로, 이 면적은 72 ㎠(=12×12÷2)이다. 그러면 ㉮와 ㉯의 면적의 비는 3:2이므로, 각각의 면적은

$$㉮의\ 면적 = 72 \times \frac{3}{3+2} = 43.2(㎠)$$

$$㉯의\ 면적 = 72 \times \frac{2}{3+2} = 28.8(㎠)$$

가 된다. 여기서 삼각형 EBD와 삼각형 EDC를 비교하면, 밑변의 길이는 1:2이므로, 면적도 1:2로 되어

$$㉲의\ 면적 = 28.8 \div 2 = 14.4(㎠)$$

이다. 그러면 ㉲와 ㉱를 더한 것이 ㉮이므로,

$$㉱의\ 면적 = 43.2 - 14.4 = 28.8(㎠)$$

가 된다. 그런데 이 삼각형의 밑변을 AE로 보면, 높이는 AB이다. 이 때문에

$$㉱의\ 면적 = \frac{AE \times AB}{2} = \frac{AE \times 12}{2} = AE \times 6$$

으로 볼 수도 있으므로

$$AE \times \frac{28.8}{6} = 4.8(㎝)$$

가 된다.

　임의의 형태로 삼각형을 그리
고, 세 꼭지점에서부터 마주 본
변을 2:1로 나누는 세 직선을 오
른쪽 그림과 같이 그린다. 빗금
으로 표시한 내부의 작은 삼각형
의 면적은, 원래의 삼각형의 면
적의 몇 분의 몇인가?

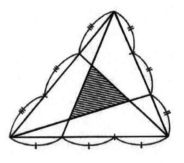

힌트

상당히 어려운 문제로서 고등학생도 풀지 못할는지 모른다.
그러나 적절한 방법으로 생각하면 초등학생도 풀 수 있다.

해답

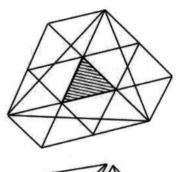

빗금을 친 내부의 작은 삼각형의 세 꼭지점과, 원래의 큰 삼각형의 세 꼭지점의 각각으로부터, 내부의 작은 삼각형의 세 변과 평행인 직선을 긋고, 그림과 같은 육각형을 만든다. 그러면 이 육각형 속에 빗금친 삼각형과 똑같은 삼각형이 12개나 만들어진다.

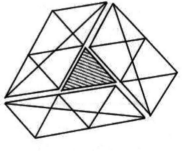

지금 오른쪽 그림처럼 이 육각형을 빗금친 삼각형과 바깥쪽의 세 개의 평행사변형으로 분리하여 본다. 그러면 어느 평행사변형에 대해서도, 원래의 큰 삼각형의 내부로 들어가는 부분과, 바깥쪽으로 비죽 나오는 부분이, 각각 같은 모양의 삼각형으로 되어 있다. 이 때문에, 빗금친 삼각형을 에워싸는 12개의 삼각형 중, 원래의 큰 삼각형의 내부에 들어 있는 것은 면적으로 생각하면 6개 몫이 된다. 이렇게 원래의 큰 삼각형 속에 빗금 친 삼각형이 7개 들어가는 것이 되고, 빗금친 삼각형의 면적은 원래의 큰 삼각형의 면적의 1/7이 된다.

이 설명은 오래 전부터 알려져 있는 것이지만, 정말로 감탄할 만큼 잘 된 설명이다.

3장
수의 응용문제

문제 38

어느 국도에 2.2km마다 신호등이 있다. 이들 신호는 푸른 등이 2분, 노란 등이 5초, 빨간 등이 40초 간격으로 동시에 점멸하고 있다. 지금 빨간 신호에서 정지해 있던 자동차가, 푸른 신호가 나온 직후에 출발했다. 이 자동차가 앞으로 나올 모든 신호를 푸른 등으로 통과하려면, 시속 몇 km로 달려가야 하는가? 또 시속 40km로 달려가면 노란 신호가 빨간 신호에서 정차하는 것은 몇 번째의 신호가 되는가? 또 이 때에 기다려야 하는 시간을 구하여라.

힌트

모든 신호를 푸른색으로 통과하는 시속은 조금만 생각하면 구할 수 있다. 그러나 시속 40km로 주행할 때는 신중한 계산이 필요하다.

해답

푸른 신호는 2분, 노란 신호는 5초, 빨간 신호는 40초 간격이므로, 각신호는

2분+5초+40초=2분 45초

마다 반복되고 있다. 이 때문에 그 사이에 2.2km를 달려가도록 하면, 처음이 푸른 신호였다면 언제나 푸른 신호에서 통과하게 된다. 즉 2.2km를 2분 45초에 달려가면 되는데, 2분 45초는 시간으로 고치면

$$\left(2+\frac{45}{60}\right) \times \frac{1}{60} = \frac{11}{240} (시간)$$

이 되므로, 시속으로는

$$2.2 \div \frac{11}{240} = 48 (km)$$

가 된다.

시속 40km로 달리면, 2.2km를 가는 데는

$$\frac{2.2}{40} \times 60 = 3.3 (분)$$

이 걸리며 초로 고치면 198초이다. 한편 신호는

$$2\frac{45}{60} \times 60 = 165 (초)$$

마다 반복되므로, 한 개의 신호등을 통과할 때마다, 푸른 신호쪽으로 33초(=198-165)씩 다가선다. 푸른 신호는 120초(2분)이므로

120-(33×4)=-12(초)

가 되고, 4번째의 신호등에서는 노란 신호가 켜진지 12초 뒤에 도착한다. 노란 신호는 5초, 빨간 신호는 40초이므로, 이것은 빨간 신호로 바뀐 7초 뒤이다. 이리하여 4번째 신호등에서 이 자동차는 33초(=40-7)를 기다리게 된다.

국어, 사회, 자연, 산수의 시험이 있었다. 어떤 학생의 국어와 사회의 평균점은 78점, 사회와 자연의 평균점은 71점, 자연과 산수의 평균점은 65점이었다. 4과목 전체의 평균 점수는 몇 점인가? 또 국어와 산수의 평균 점수는 몇 점인가?

힌트

그다지 어려운 문제는 아니다. 평균이란 무엇을 의미하는지, 그 내용을 잘 생각해 보아라.

해답

국어와 사회의 평균점이 78점이므로, 합계점은

(국)+(사)=78×2=156(점)

이다. 다음, 자연과 산수의 평균점이 65점이므로, 두 과목의 합계점은

(자)+(산)=65×2=130(점)

이다. 이것으로부터 4과목의 합계점은

4과목의 총점=156+130=286(점)

이 되고, 4과목의 각 평균점은

$$4과목의\ 평균점=\frac{286}{4}=71.5(점)$$

이다. 다만, 이 점수는

$$\frac{78+65}{2}=71.5(점)$$

으로 하여도 구해진다.

사회와 자연의 평균점이 71점이므로, 이 두 과목의 합계점은

(사)+(자)=71×2=142(점)

이다. 4과목의 합계점이 286점이므로, 국어와 산수의 합계점은

(국)+(산)=286-142=144(점)

이다. 이것으로부터, 이 두 과목의 평균점은

$$(국),\ (산)의\ 평균점=\frac{144}{2}=72(점)$$

으로 된다.

개개의 점수는 몰라도, 평균점을 얻는 재미가 있다.

오전 0시에서부터 정오까지 사이에, 시계의 긴 바늘과 짧은 바늘이 몇 번인가 겹쳐진다. 다만, 오전 0시와 정오는 포함하지 않는 것으로 한다. 또 시간을 더하는 것과 같은 방법으로, 이들이 겹쳐진 시간을 모두 더하면 그 합계는 얼마인가?

> **힌트**
>
> 분침과 시침이 겹쳐지는 시각을 하나씩 구하면 계산하기 번거롭다. 좋은 방법을 생각하면, 겹쳐지는 모든 시간을 간단히 구할 수 있다.

해답

오전 0시에서부터 오전 1시까지의 한 시간에서는, 오전 0시를 제외하면, 분침과 시침은 겹쳐지지 않는다. 분침이 시침의 12배 (=60÷5)의 속도로 앞서 가기 때문이다. 그러나 오전 1시에서부터 오전 2시까지의 한 시간에서는, 처음에는 분침이 시침 뒤에 있기 때문에, 시침을 한 번만 추월한다. 이 추월은 오전 2시에서부터 3시까지의 한 시간과, 오전 3시에서부터 4시까지의 한 시간에서도 마찬가지이며, 또 그 후의 어느 한 시간에서도 같다. 다만, 추월하는 시각이 조금씩 늦어져서, 오전 11시에서부터 정오까지의 한 시간에서는, 최후의 정오에 분침과 시침이 겨우 겹쳐진다. 이렇게 오전 0시와 정오를 제외하면, 분침과 시침이 겹쳐지는 것은 오전 1시, 2시, 3시, 4시, 5시, 6시, 7시, 8시, 9시, 10시의 각각에서, 한 시간에 한 번씩이므로 모두 10번이 된다.

분침과 시침이 겹쳐지는 시각을 구하는 데는, 오전 0시에서부터 정오까지 분침과 시침이 몇 번 겹쳐졌는가를 조사한다. 최초에 겹쳐지는 오전 0시를 출발점으로 하면, 정오까지의 12시간에 11번이 겹쳐져 있다. 더구나 분침과 시침이 겹쳐진 시각에서부터 다음 번에 분침과 시침이 겹쳐지기까지의 시간은, 어느 것을 취해도 모두 같을 것이다. 이렇게

$$\frac{12}{11}(\text{시간})$$

마다 분침과 시침이 겹쳐지게 되고, 그 합계는

$$\frac{12}{11} \times (1+2+3+\cdots\cdots+10)=60(\text{시간})$$

이 된다.

756명의 회원으로 구성되는 어린이회에서, 두 가지 의안에 대하여 이를 찬반 투표로써 결정하기로 하였다. 전원이 한 표씩 투표한 결과, 제1안에 찬성한 사람이 476명, 제2안에 찬성한 사람이 294명이었다. 또 제1안, 제2안의 두 의안에 모두 반대한 사람이 169명이었다. 제1안, 제2안에 모두 찬성한 사람은 몇 명일까? 다만, 두 의안에 대하여는 어느 회원이건 모두 찬성 또는 반대 투표를 한 것으로 한다.

힌트

사고방식의 문제이다. 돌파구를 잘 찾지 못하면 헛돌기 마련이다.

해답

어린이회의 756명의 회원을 오른쪽 그림의 원으로 표시하여, 제1안에 찬성한 476명을 A영역(점선 부분), 제2안에 찬성한 294명은 B영역(사슬선)으로 하여 본다. 그러면 점선과 사슬선의 양쪽이 겹쳐진 영역은 제1, 제2의 두 의안에 모두 찬성한 사람들이다. 또

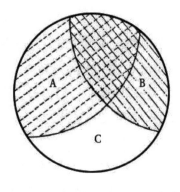

점선도 사슬선도 없는 C영역은, 제1안, 제2안 양쪽에 모두 반대한 169명의 사람들이다.

지금 A영역, B영역, C영역에 있는 회원을 모두 합하여

476+294+169=939(명)

으로 하면, 어린이회의 전체 회원 이외에, 제1안, 제2안의 어느쪽에도 모두 찬성한 사람들이 중복되어 계산되어 있다. 이 때문에 이 수로부터 어린이회의 회원 756명을 빼면

939-756=183(명)

은 양쪽 의안에 찬성한 회원의 수가 된다.

또 제1의안만 찬성한 사람은

476-183=293(명)

이고, 제2의안만 찬성한 사람은

294-183=111(명)

이 된다.

경아가 걷는 속도는
시속 4.2㎞이다. 그래서
집에서 역까지 걸어가면
25분이 걸린다. 버스의
속도는 시속 30㎞인데,

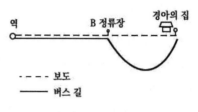

B정류장까지는 빙 둘러 가기 때문에 집앞 정류장에서부터 역까지 가는데 10분이 걸린다. B정류장은 경아의 집에서 역쪽으로 2/5를 걸어간 곳에 있다.

어느날 아침, 경아가 걸어서 B정류장까지 왔을 때, 마침 버스가 왔기에 그것을 타고 역으로 갔다. 집을 나선 후 몇 분 뒤 역에 도착했을까?

힌트

출제한 문장이 길다. 그 내용을 차분하게 이해하도록 하자.

해답

경아가 걷는 속도는 시속 4.2km, 역까지의 시간은 25분이 걸리므로, 집에서부터 역까지의 거리는

$$4.2 \times \frac{25}{60} = 1.75 \text{(km)}$$

이다. 이것의 2/5는 0.7km이므로, 경아가 집에서부터 B정류장까지는 0.7km, B정류장에서부터 역까지는 1.05km(=1.75-0.7)이다.

경아가 B정류장까지의 0.7km를 걸어서 가면, 시속 4.2km이므로

$$\frac{0.7}{4.2} \times 60 = 10 \text{(분)}$$

걸린다. 또 B정류장에서부터 역까지의 1.05km는 버스를 타면, 버스의 시속이 30km이므로

$$\frac{1.05}{30} \times 60 = 2.1 \text{(분)}$$

이다. 그러면 양쪽의 합이

$$10 + 2.1 = 12.1 \text{(분)}$$

이다. 또 0.1분은

$$0.1 \times 60 = 6 \text{(초)}$$

이므로, 답은 12분 6초가 된다.

그리고 경아의 집앞 정류장에서부터 B정류장까지의 버스 노선의 길이는

$$30 \times \frac{(10 - 2.1)}{60} = 3.95 \text{(km)}$$

이다.

여기에 사과가 187개, 귤이 36개 있다. □사람의 아이들에게 사과를 나누어 주었더니 △개씩 돌아갔고, 다시 같은 아이들에게 귤을 똑같이 나누어 주었더니, 2개가 남았다. □과 △를 구하여라.

힌트

문제의 조건만으로는 여러 가지 답이 나올 것 같으나, 187개라고 하는 사과 개수가 힌트가 되어서, □과 △을 정확하게 결정할 수 있다.

해답

187개의 사과를 □사람의 아이들에게 똑같이 △개씩 나누어 주었으므로

$$187 = □ × △$$

이 된다. 여기서 187을 두 수의 곱으로 분해하면

$$187 = 11 × 17$$

로만 된다.

그래서 11사람의 아이들에게 17개씩의 사과를 나누어 준다고 생각해 보자. 그러면 36개의 귤을 11사람에게 나누어 주면,

$$36 ÷ 11 = 3 ········· 나머지 3$$

으로부터, 3개씩을 나누어 주고도 3개의 귤이 남게 된다. 이것은 문제의 조건에 맞지 않으므로 실격이다.

다음에는 17사람의 아이들에게 사과를 11개씩 나누어 준다고 생각해 보자. 그러면

$$36 ÷ 17 = 2 ········· 나머지 2$$

로부터, 2개씩을 나누어 주고도 2개가 남는다. 이번에는 문제의 조건과 들어 맞기 때문에 □는 17, △는 11이 된다.

그러나 사과나 귤의 개수가 달라질 것 같으면 일반적으로 이렇게는 잘 풀려지지 않는다. 이 문제는 187이 11과 17의 곱이라는 것을 알아낼 수 있느냐가 답을 구하는 포인트가 된다.

문제 44

갑과 을의 자동차가 A지점을 동시에 출발하여 같은 도로를
달려 가고 있다. 갑의 시속은 을의 시속보다 4㎞가 빠르므로,
갑은 도중의 B지점을 을보다 30분 빠르게 통과했다. 또 을이
B지점에 다달았을 때, 갑은 그보다 18㎞ 전방의 C지점을 달리
고 있다. A지점과 B지점 사이의 거리는 얼마인가?

> **힌트**
>
> 문제를 잘 읽으면 그다지 어려운 문제는 아니다. 먼저 갑
> 의 시속을 구해야 한다.

해답

갑은 B지점을 을보다 30분 빠르게 통과하고, 을이 B지점을 통과할 때, 갑은 18km 앞쪽을 달려가고 있다. 이것으로부터 갑의 시속은

$$18 \div \frac{1}{2} = 36(\text{km})$$

가 되고, 그보다 4km가 늦은 을의 시속은 32km이다. 지금 갑과 을의 자동차가 36km의 거리를 달려 갔다고 하면, 갑은 1시간, 을은

$$\frac{36}{32} = \frac{9}{8}(\text{시간})$$

이 걸린다. 이것으로부터 36km마다 을은 1/8시간씩 늦어진다. 이 상태로 가면, 을이 1/2시간이 늦어지는 데는

$$36 \times (\frac{1}{2} \div \frac{1}{8}) = 144(\text{km})$$

를 달려 간 것으로 된다. 즉 A지점과 B지점간의 거리는 144km 이다.

이 문제를 푸는 데 있어, 갑과 을의 자동차가 36km의 거리를 달려 갔을 때를 생각했었지만, 이것은 몇 km를 달려 갔다고 하더라도 같은 것이다. 다만 간편하게 계산할 수 있는 거리를 고려했을 뿐이다.

문제 45

경아는 A와 B 두 종류의 물건을 사기 위하여 시장에 갔다. 마침 그날이 할인을 하는 날이므로, A는 정가보다 15%를 싸게, B는 정가보다 12%를 싸게 살 수 있었다. 나중에 알아보니 지불한 돈의 합계는 69,440원이고, 평균으로는 13.2%를 싸게 샀다. A와 B의 정가는 각각 얼마인가?

힌트

현실적으로도 흔히 있는 문제이다. 자기가 산 셈치고 정확하게 계산하여 보아라.

해답

두 가지 것을 평균 13.2%씩 싸게 산 값이 69,440원이므로, 정가대로 샀다면, 합계는

69,440÷(1-0.132)=80,000(원)

이었을 것이다. 지금 A와 B를 모두 정가보다 15% 싸게 샀다고 하자. 그러면 지불할 금액은

80,000×(1-0.15)= 68,000(원)

이 되어, 실제 금액보다

69,440-68,000=1,440(원)

이 적어진다. 이것은 B를 정가보다 12% 싸게 샀기 때문인데, 15%와 12%의 차이가 1,440원이 된 것이다. 이 차이는 할인율로 말하면

0.15-0.12=0.03

이므로, B의 정가는

1.440÷0.03=48,000(원)

이었다는 것이 된다. 그러면 정가의 합계가 80,000원이므로, A의 정가는

80,000-48,000=32,000(원)

이 된다.

또 실제로 산 값은, A가

32,000×(1-0.15)=27,200(원)

B가

48,000×(1-0.12)=42,240(원)

이 된다.

문제 46

세 종류의 구슬 Ⓐ, Ⓑ, Ⓒ가 있는데, 이것을 아래 그림과
같이 달아 보았더니 양쪽이 모두 평형이 되었다. 저울대의 왼
쪽에는 Ⓐ를 6개, 오른쪽에는 Ⓑ를 4개 얹는다면 어느 쪽으로
기울어질까? 또 이것을 평형하게 하려면, 가벼운 쪽에 Ⓐ, Ⓑ,
Ⓒ의 어느 것을 몇 개 올려 놓아야 할까?

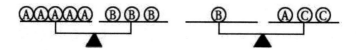

힌트

Ⓐ, Ⓑ, Ⓒ의 상호간의 무게 관계를 조사한다. 이것에는
구슬Ⓒ가 포인트가 된다.

해답

구슬Ⓑ 1개는 구슬Ⓐ 1개와 구슬
Ⓒ 2개를 합한 것으로써 평형이 이
루어지므로 구슬Ⓑ 3개 대신에 오
른쪽 그림처럼 하더라도 평형이 된

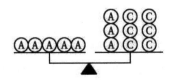

다. 이 양쪽으로부터 구슬Ⓐ 3개를
빼면, 구슬Ⓐ 2개와 구슬Ⓒ 6개가 평형이 된다. 이것으로부터 구
슬Ⓐ 1개와 구슬Ⓒ 3개가 평형을 이루어,

Ⓐ의 무게=(Ⓒ의 무게)×3

이 된다. 그러면 구슬Ⓑ 1개와 구슬Ⓐ 1개에 구슬Ⓒ 2개를 더한
것이 평형을 이루므로, 구슬Ⓐ 1개 대신에 구슬Ⓒ 3개로 치환하
면, 구슬Ⓑ 1개와 구슬Ⓒ 5개가 평형을 이룬다. 이것으로부터

Ⓑ의 무게=(Ⓒ의 무게)×5

가 된다. 구슬Ⓒ를 사이에 두고 구슬 Ⓐ, Ⓑ, Ⓒ의 서로의 무게
관계를 알았다.

그런데 구슬Ⓐ 6개와 구슬Ⓑ 4개
를 비교한다는 것은, 구슬Ⓒ로 환산
하면, 구슬Ⓐ 6개는 구슬Ⓒ 18개
묶(=6×3)과 같고, 구슬Ⓑ 4개는 구

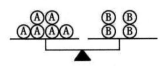

슬Ⓒ 20개 묶(=4×5)이 된다. 이 때문에 구슬Ⓑ쪽으로 기울어지
며, 이것을 평형되게 하려면 구슬Ⓐ쪽에 구슬Ⓒ를 2개 더 올려 놓
을 필요가 있다.

문제 47

  A, B, C, D의 네 사람이 장기를 두었다. 서로 한 번씩은 반드시 대전하고, 상대에 따라서는 두 번 대전한 사람도 있다. 그 결과 A군은 1승 2패, B군은 3승 0패, C군은 4패를 하였다. D군은 몇 번을 이기고 몇 번 졌을까?

힌트

  내용을 잘 정리하여, 대전 상황을 알고 있는 사람으로부터 승패를 차례로 결정해 갈 필요가 있다.

해답

C는 4패를 했지만 누구와 두 번 싸웠는지 모른다. 그러나 서로 가 한 번씩은 싸웠으므로, A군에게 진 것은 확실하다. 그런데 A 는 1승 2패이다. 이것은 A는 C에게 이기고, B와 D에게는 진 것 을 뜻한다. 그 내용을 보면

×A — B○
○A — C×
×A — D○

로 적어보면, B는 3승 0패이므로

○B — A×
○B — C×
○B — D×

로 된다. 이래서 A와 B의 대전 상대와 성적은 결정되었다. 나머지 는 C와 D의 대전뿐이다.

여태까지의 결과를 참조하면, C에 대해서는

×C — A○
×C — B○

로 된다. 그러나 C는 4패이므로, 나머지 두 번은 D와의 대전이 다. 이것으로부터 C의 대전 상대와의 성적은

×C — A○, ×C — B○
×C — D○, ×C — D○

이 되고, D에 대해서는

○D — A×, ×D — B○
○D — C×, ○D — C×

로 된다. 이리하여 D는 3승 1패로 결정된다.

문제 48

어떤 일을 하는 데에, A만이 하면 12이 걸리고, B만이 하면 18일이 걸리고, C만이 하면 24일이 걸린다. 이 일을 처음에 A가 며칠을 하고, 그 나머지를 인계하여 B가 며칠인가 한 뒤, 마지막으로 그 나머지를 C가 며칠을 하여 일을 완성하였다. 각자가 일을 한 날수의 비율은,

A:B=1:3, B:C=1:2

이었다. A가 일을 시작하고서부터 며칠째에 일을 완성했는가?

힌트

A, B, C의 각자가 하루에 하는 일의 양을 생각해 보아라. 보통 방법으로 풀 수 있는 문제이다.

해답

A만이 하면 12일이 걸리므로, 하루에 하는 일의 양은 전체의 1/12이다. 같은 방법으로 하루에 B가 하는 일의 양은 전체의 1/18, 하루에 C가 하는 일의 양은 전체의 1/24이다.

여기서 세 사람이 일을 한 날수의 비를 생각해 보면, A와 B에 대하여는

A:B=1:3

B와 C에 대하여는

B:C=1:2=3:6

이므로, 세 사람에 대하여는

A:B:C=1:3:6

이 된다. 이것으로부터 A가 일한 일수를 1일이라고 하면, B는 3일, C는 6일의 비율이 된다.

실제는 A가 일을 며칠이나 하였는지 모르기 때문에, 가령 하루라고 치고, 전체에 대하여 어느 정도의 비율이 되는지를 알아보자. 그러면 B는 3일, C는 6일로 되기 때문에, 세 사람이 한 일의 양의 합계는

$$\frac{1}{12}+\frac{1}{18}\times 3+\frac{1}{24}\times 6=\frac{1}{2}$$

이 된다. 이것으로부터 각자가 한 작업 일수를 2배로 하여 A는 2일, B는 6일, C는 12일로 하면 된다. 이 합계는

2+6+12=20(일)

이 되므로, A가 일을 시작하여 20일째에 완성했다.

문제 49

100원짜리 동전 2개, 50원짜리 동전 3개, 10원짜리 동전 3개, 5원짜리 동전 1개로 지불할 수 있는 금액에는 몇 가지가 있는가? 단, 어느 종류의 동전도 한 번 이상을 써야 하는 것으로 한다.

힌트

동전의 짝맞춤과는 달라도, 금액의 합계가 같아지는 경우가 있다. 이런 경우의 수를 계획적으로 조사해 보자.

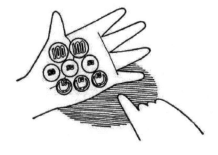

해답

어떤 종류의 동전도 최소 1개는 사용하기 때문에, 그 합계는

100+50+10+5=165(원)

이다. 그러면 나머지는 100원짜리 동전 1개, 50원짜리 동전 2개, 10원짜리 동전 2개로 되어, 좋고, 쓰지 않아도 좋다. 이것으로부터 나머지 동전에 대해서는

100원짜리 동전 (2가지)	사용하지 않음 1개 사용	0원 100원
50원짜리 동전 (3가지)	사용하지 않음 1개 사용 2개 사용	0원 50원 100원
10원자리 동전 (3가지)	사용하지 않음 1개 사용 2개 사용	0원 10원 20원

으로 되어, 동전의 짝맞춤은 18가지(=2×3×3)가 된다. 그러나 100원짜리 동전과 50원짜리 동전에 대하여는, 아래 표와 같이 합계 금액이 5가지가 된다. 이것에 10원짜리 동전을 사용할 때의 3가지를 생각한다면, 전체로는

		50원		
		0개	1개	2개
100원	0개	0원	50원	100원
	1개	100원	150원	200원

5×3=15(가지)

뿐이다. 구체적인 금액은

165원, 175원, 185원, 215원, 225원, 235원,

265원, 275원, 285원, 315원, 325원, 335원,

365원, 375원, 385원

으로 된다.

문제 50

A, B, C 세 사람이 300m 경주를 했다. A가 48초로 골인하였을 때, B는 골 앞 12m지점을 달리고 있었다. 또 C가 골인한 것은, B가 골인한 1.2초 후였다. A가 골인하였을 때, C는 골 앞 몇 m를 달리고 있는가?

힌트

먼저 B에 대해서 생각하고, 다음에 C로 옮겨 간다. 이것이 해답으로 가는 길이다.

해답

A가 48초로써 골인하였을 때, B는 골 앞 12m의 지점을 달려 가고 있었으므로, 288m(=300-12)를 48초에 달려 간 것이 된다. 이것으로부터 B는 1초간에

$288 \div 48 = 6(m)$

를 달려 가고, 300m의 골 지점까지

$$\frac{300}{6} = 50(초)$$

가 걸렸다. 한편 C는 B의 1.2초 후에 골인하였으므로, C는 골 지점까지

$50+1.2=51.2(초)$

가 걸렸다. 이것으로부터 C는 1초간에

$$\frac{300}{51.2} = 5\frac{55}{64}(m)$$

를 달리고 있다.

A는 48초에 골인하였으므로, 이 동안에 C가 달려 간 거리는

$5\frac{55}{64} \times 48 = 281.25(m)$

이다. 이것으로부터 A가 골인했을 때, C는 골 지점까지 아직도

$300-281.25=18.75(m)$

의 지점을 달리고 있었다. 또 이것은 A가 골인했을 때, B는 12m 뒤에서 달리고 있고, C는 그보다 6.75m(=18.75-12) 뒤에서 달려 오고 있었다는 것이 된다.

문제 51

아래 표는 A, B, C, D, E, F, G, H의 여덟 사람의 산수 시험 결과이다. 시험은 100점 만점이고, 여덟 사람의 평균은 64점이다. F는 여덟 사람 중 최고점이고, 다른 일곱 사람 중 누군가의 딱 2배이다. C와 F의 점수를 구하여라.

A	B	C	D	E	F	G	H
74	48		90	33		60	78

힌트

F의 점수가 C의 2배가 될 수도 있으므로, B의 2배라고 성급히 결정하지 말자.

해답

A, D, G, H 네 사람의 득점은 50점을 초과하고 있으므로, F의 득점은 B, C, E 누군가의 득점의 2배가 된다. 그러나 E가 득점의 2배라고 하면 66점(33×2)밖에 되지 않으므로, 최고점수로는 되지 않는다. 이 때문에 B나 C의 득점의 2배이다.

여덟 사람의 평균 득점은 64점이므로, 전체 득점은 512점이다. 한편 득점을 알고 있는 여섯 사람의 합계는

74+48+90+33+60+78=383(점)

이다. 이것으로부터 C와 F의 득점의 합계는

512-383=129(점)

이고, 만일 F의 득점이 C의 득점의 2배라면, F의 득점은

$129 \times \dfrac{2}{3} = 86$(점)

이다. 이것은 D의 득점의 90점보다 낮기 때문에, F의 득점은 B의 2배인 96점(=48×2)이다. 그러면 C와 F의 득점의 합계가 129점이므로, C의 득점은

129-96=33(점)

이 된다. 이 결과 여덟 사람의 득점은 아래 표와 같이 된다.

A	B	C	D	E	F	G	H
74	48	33	90	33	96	60	78

A, B, C, D의 4개 반의 학생은 각각 50명보다 적고, 평균하면 46명이다. 학급간의 학생 수의 차이는, A반과 B반 사이에서 4명, B반과 C반 사이에서 3명, C반과 D반 사이에서 2명이다. 학생수가 제일 많은 학급은 A반이다.

A, B, C, D 각 반의 학생수는 각각 몇 명인가?

힌트

학급간의 학생수의 차이를 알아도, 어느 반이 많은지는 모른다. 이 때문에 여러 경우로 나누어 봐야 한다.

해답

A반이 B반보다 4명이 많은 것은 명백하므로 B, C, D의 어느 반이 많아져도 되게

$$
\left\{
\begin{array}{l}
B>C \quad \left\{
\begin{array}{ll}
C>D & \cdots\cdots\cdots \quad (1) \\
D>C & \cdots\cdots\cdots \quad (2)
\end{array}
\right. \\[2ex]
C>B \quad \left\{
\begin{array}{ll}
C>D & \cdots\cdots\cdots \quad (3) \\
D>C & \cdots\cdots\cdots \quad (4)
\end{array}
\right.
\end{array}
\right.
$$

와 같이 각각의 경우로 나누어 본다. 여기서 A반의 학생수를 □, B반의 학생수를 □-4로 하면, C반과 D반의 학생수는 각각의 경우에 따라서

(1)의 경우 …… C는 □-7, D는 □-9

(2)의 경우 …… C는 □-7, D는 □-5

(3)의 경우 …… C는 □-1, D는 □-3

(4)의 경우 …… C는 □-1, D는 □+1

이 된다. (4)의 경우는 D반이 A반보다 많아지므로 실격이다. 그밖의 경우에 대해서는

(1)의 경우 …… 4×□-20   □-5

(2)의 경우 …… 4×□-16   □-4

(3)의 경우 …… 4×□-8   □-2

가 된다. 그러나 평균이 46명으로 되어 있으므로, 이것으로부터 A반의 학생수를 구하면, (1)의 경우는 □=51, (2)의 경우는 □=50, (3)의 경우는 □=48로 된다. A반의 학생 수는 50명보다 적으므로, (1)과 (2)의 경우는 실격이 되고, (3)의 경우는 48로 된다.

이리하여 A, B, C, D 각 반의 학생수는 각각 48명, 44명, 47명, 45명으로 결정된다.

그릇 A에는 12%의 소금물이 500g, 그릇 B에는 물이 500g 들어 있다. 먼저 그릇 A의 소금물의 절반을 그릇 B로 옮겨서 잘 섞어 둔다. 다음에는 그릇 B의 소금물의 절반을 그릇 A로 옮겨서 잘 섞는다. 마지막으로 그릇 A와 B의 소금물의 무게가 같아지도록, 그릇 A로부터 그릇 B로 소금물을 옮겨 놓는다. 그 결과 그릇 B의 소금물은 몇 %인가?

힌트

내용은 복잡하지만 해법의 본질은 그렇게 어렵지 않다. 항상 물과 소금의 무게를 분리하여 생각하자.

해답

12%의 소금물 500g 속에는

$$500 \times 0.12 = 60(g)$$

의 소금이 들어 있으므로, 그 절반을 그릇 B로 옮기면, 그릇 B에는 30g의 소금이 들어 있는 750g(=500+250)의 소금물이 만들어 진다. 이 절반은 15g의 소금이 들어 있는 375g(=750÷2)의 소금물이 되므로, 이것을 그릇 A로 옮기면, 45g(=30+15)의 소금이 들어 있는 625g(=250+375)의 소금물이 된다.

그릇 B에는 15g의 소금이 들어간 375g의 소금물이 남아 있으므로, 이것을 500g으로 하기 위해서는, 그릇 A로부터 125g(=500 -375)의 소금물을 옮겨 놓을 필요가 있다. 이 속에는

$$45 \times \frac{125}{625} = 9(g)$$

의 소금이 들어 있으므로, 그릇 B에 있는 15g의 소금을 더하면, 24g(=15+9)이 된다. 24g의 소금이 든 500당의 소금물의 농도는

$$24 \div 500 = 0.048$$

로부터, 4.8%이다.

또 그릇 A에는 36g(=60-24)의 소금이 들어 있으므로

$$36 \div 500 = 0.072$$

로부터 7.2%의 소금물이 만들어지게 된다.

　A, B, C 세 사람이 각자 얼마씩의 돈을 갖고 있다. 먼저 A가 자기 돈에서 B와 C에게 각각 가지고 있는 것과 같은 돈을 주었다. 다음에는 B가 자기의 돈에서 A와 C에게 각각 가지고 있는 것과 같은 돈을 주었다. 마지막으로 C도 자기 돈에서 A와 B에게 각각 가지고 있는 것과 같은 돈을 주었다.

　그 결과 세 사람이 모두 같은 금액 1,600원을 갖게 되었다. A, B, C 세 사람이 처음에 가졌던 돈은 각각 얼마인가?

> **힌트**
>
> 문제를 정공법으로 해결하려면 난감해진다. 착상의 전환이 필요하며, 역으로 생각하는 것도 중요하다.

해답

1,600원씩 같은 금액이 된 마지막 상태로부터 역으로 생각하여 본다. 이것은 A와 B가 각각 자신의 소지금과 같은 액수의 돈을 C로부터 받았기 때문인 것이므로, 받기 이전에는 모두

$1,600 \div 2 = 800$(원)

씩이 소지금이었다. 그러면 C의 소지금은

$1,600 + 800 \times 2 = 3,200$(원)

이 된다. 이 A와 B는 800원, C는 3,200원이라는 소지금은, B가 A와 C에게 각각의 소지금과 같은 액수의 돈을 준 결과이다. 이 때문에 B로부터 받기 전의 소지금은 A가

$800 \div 2 = 400$(원)

이고, C는

$3,200 \div 2 = 1,600$(원)

이다. 이렇게 B의 소지금은

$800 + (400 + 1,600) = 2,800$(원)

이 된다.

이 A가 400원, B가 2,800원, C가 1,600원이라는 돈은, A가 B와 C에게 각자의 소지금과 같은 액수의 돈을 준 결과이다. 이 때문에 A로부터 받기 전의 소지금은 B가

$2,800 \div 2 = 1,400$(원)

이고, C는

$1,600 \div 2 = 800$(원)

이다. 또한 A의 소지금은

$400 + (1,400 + 800) = 2,600$(원)

이 된다. 이리하여 세 사람이 가졌던 최초의 돈은 A가 2,600원, B가 1,400원, C가 800원이었다.

4장
도형의 응용문제

오른쪽 그림의 삼각형 ABC는, 같은 변의 길이가 8㎝인 직각 이등변삼각형이다. 그 속에 여러 가지 크기의 정사각형을 그려 넣고, 나머지 부분에 빗금을 그었다.

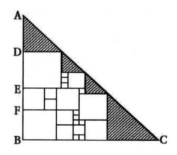

AE:EB=7:5

EF:FB=2:3

AD:DE=1:1

인 경우, 빗금친 부분의 면적은 얼마인가?

힌트

도형을 잘 관찰하여, 각 부분의 길이를 차례로 결정해야 내부의 모든 정사각형의 크기가 차츰 결정된다.

해답

오른쪽 그림의 화살표로 가리켰듯
이, 맨 아래의 작은 정사각형의 한
변의 길이를, 가령 1로 하여 본다. 그
러면 그 위의 정사각형의 한 변의 길
이는 2가 되고, 그 왼쪽에는 3의 정
사각형이 2개, 다시 그 왼쪽에는 6의
정사각형이 1개 늘어 선다. 이것으로
부터 오른쪽의 2개의, 정사각형의 한
변의 길이도 4와 5로 되고, 오른쪽
밑직각 이등변삼각형의 한 변의 길이
는 9로 된다.

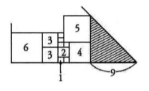

다음은 오른쪽 그림의 화살표로 표
시한 4와 1과 5의 정사각형으로부터
위로 나아간다. 그러면 모든 길이가

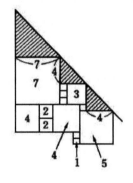

차례로 결정되고, 빗금을 친 3개의 직각 이등변삼각형의 한 변의
길이는, 아래로부터 차례로 4, 4, 7로 된다.

이 치수로 나가면,

$$AD=DE=7, \quad EF=4, \quad FB=6$$

이 되고, AB의 길이는

$$AB=AD+DE+EF+FB=7+7+4+6=24$$

이다. 실제의 길이는 8cm이므로, 여태까지의 길이를 3(=24÷8)으
로 나누면 각각의 실제 길이가 된다. 이리하여 빗금으로 표시한 4
개의 직각삼각형의 면적의 합은

$$\left(\frac{9}{3} \times \frac{9}{3} + \frac{4}{3} \times \frac{4}{3} + \frac{4}{3} \times \frac{4}{3} + \frac{7}{3} \times \frac{7}{3} \right) \div 2 = 9(cm^2)$$

가 된다.

 정육면체의 모형을 만들기 위하여 가~바 6개의 전개도를 그렸다. 이 중에는 정육면체가 되지 않는 것도 있다. 어느 것인가를 기호로 답하여라.

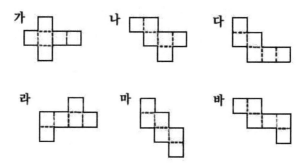

힌트

 정육면체가 될 수 없는 것이 몇 개인지 알 수 없으므로, 모조리 조사해 보는 수밖에 없다. 실제로 종이로 오려 보면 간단히 알 수 있는 일이기는 하지만…….

해답

눈으로 보아서 분명한 것도 있지만, 개별적으로 한 개씩 조사하는 것이 확실하다. 이것은 어느 변과 어느 변이 붙는가를 조사하는 것으로서, 가는 오른쪽 그림처럼 된다. 이것으로 어느 변도 잘 들어맞기 때문에 정육면체가 만들어진다.

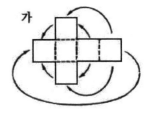

같은 방법으로 조사하면, 나, 라, 마, 바에 대하여는, 아래 그림 변을 찾을 수 있다.

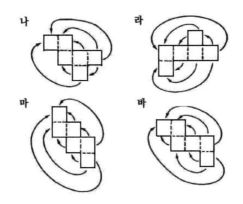

그러나 다에 대하여는 붙여 줄 상대 변이 잘 발견되지 않는다. 이것을 분명히 하는 데는, 아래 그림과 같이 한 개의 정사각형에 빗금을 긋고, 그것을 밑면으로 하는 정육면체를 생각해 보는 것이 좋다.

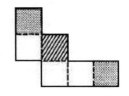

점을 찍은 2개의 정사각형이 겹쳐져서 윗면의 정사각형이 만들어지지 않는다. 하지만 각각의 전개도를 주의 깊게 관찰하지 않으면 틀리기 쉬운 문제이다.

축구공의 표면에는 오각형과 육각형의 무늬가 아래의 그림처럼 빽빽히 깔려 있다. 이것을 보면 어느 오각형 주위에도 5개의 육각형이 늘어서 있고, 어느 육각형 주위에도 3개씩의 오각형과 육각형이 번갈아 늘어서 있다. 이것으로부터 공 표면에 깔려 있는 오각형과 육각형의 개수의 비를, 되도록 간단한 정수의 비로 구하여라.

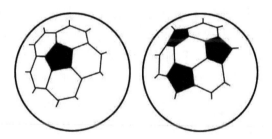

힌트

축구공은 운동장 등에서 종종 볼 수 있다. 뜻밖의 곳에서 재미있는 산수 문제를 찾아볼 수 있다.

해답

축구공의 표면에 깔려 있
는 오각형과 육각형의 개수를
실제로 세어보지 않아도, 상
호간의 연결 방법만 조사해
보면, 오각형과 육각형의 개
수의 비를 구할 수 있다.

1개의 오각형 주위에는 언제나 5개의 육각형이 이어져 있으므
로, 이들 육각형을 중복하여 모두 세어 보면, 육각형의 개수는 오
각형의 개수의 5배가 된다. 다음에는 각 육각형이 몇 번씩 중복되
어 계산되었는가를 알아본다. 이 횟수는 같은 육각형이 몇 개의
오각형으로부터 중복되어 계산되었는가 하는 횟수로서, 각각의 육
각형에 이어져 있는 오각형의 개수이다. 위의 그림을 보면, 어느
육각형의 주위에도 반드시 3개의 오각형이 붙어 있다. 이리하여
육각형은 모두 3회씩 중복하여 계산되고 있으며, 5/3배(=5÷3)가
중복됨이 없는 비율로 된다. 이것으로부터 오각형과 육각형의 개
수의 비는 3:5이다.

또 축구공의 표면에 있는 오각형과 육각형의 개수를 실제로 세
어보면, 오각형이 12개, 육각형이 20개이므로, 그 개수의 비는 확
실히

   12:20=3:5

로 되어 있다.

오른쪽 그림과 같이 반지름 3.2㎝ 인 원형 구멍 안쪽에 96개의 톱니가 있는 철판 A와, 반지름 1.2㎝의 원형 철판 바깥쪽에 36개의 톱니가 달린 톱니바퀴 B가 있다. 톱니바퀴 B 의 중심으로부터 0.6㎝ 떨어진 곳에 구멍 C를 뚫고, 여기에 볼펜을 꽂아

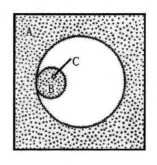

넣어, B를 A의 구멍을 따라서 톱니를 맞물리게 하면서 회전시 킨다. 이 때에 생기는 도형은 아래 그림의 가, 나, 다, 라, 마, 바 중와 어느 것이냐?

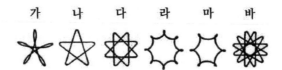

힌트

이런 도구는 실제로 시판되고 있다. 사고방식만 정리하면 문제 자체는 그리 어렵지 않다.

해답

A의 구멍을 따라서 B의 톱니바퀴가 몇 번 회전하면, 볼펜이 원래와 같은 상태로 되돌아오는가를 조사한다. A는 96개의 톱니, B는 36개의 톱니가 있으므로 어느 쪽도 나누어 떨어지는 최대 정수를 쓰면

96=12×8, 36=12×3

이다. 이 때문에 톱니가

12×8×3=288(개)

가 맞물린 직후를 생각해 보면, A의 구멍은

288÷96=3(회전)

이 되고, 톱니바퀴 B는

288÷36=8(회전)

이다. 이 때문에 톱니바퀴 B는 A의 구멍을 따라서 자신이 8바퀴를 회전하면, 원래와 같은 상태로 되돌아간다. 이것으로부터 볼펜이 A의 구멍에 가장 접근하는 것은 8번이 된다. 나머지는 앞서 그린 선에 중복되기 때문에, 그림에는 나타나지 않는다.

그런데 가에서부터 바까지의 그림을 보면, 바깥쪽으로 뾰족한 부분은 가와 나가 5군데, 다와 라가 8군데, 마가 6군데, 바가 12군데이다. 이것으로부터 다, 라 외에는 실격이다. 그래서 A의 구멍을 일주하는 동안에, 톱니바퀴 B는 자신이 몇 번 회전하게 되는가를 생각해 본다. 이것은

$$\frac{96}{36}=2\frac{2}{3}(회)$$

이므로, 라도 역시 실격임을 알 수 있다. 이리하여 다가 바른 그림이 된다.

반지름 10㎝인 원판 A와 반지름 20㎝인 원판 B가 오른쪽 그림처럼 접해 있다. 원판 A가 원판 B의 둘레 위를 미끄러지지 않고 굴러가서, 1회전한 뒤 본래의 위치로 되돌아올 때, 그림의 점선으로 표시된 네 군데의 위치에서는, 원판 A는 어떤 방향이 되는가? 점선으로 표시한 원 안에 눈, 코, 입을 그려 넣어라.

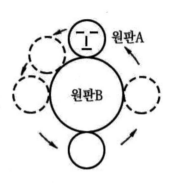

> **힌트**
>
> 지나치게 직관에 의지하면 위험하다. 문제를 잘 살펴보고, 차분히 생각하자.

해답

먼저, 원판 A의 목 부분이 원판 B
에 끊임없이 접하고, 회전하지 않고서,
원판 B의 둘레 위를 미끌어져서 1주
하는 때를 생각한다. 그러면 원판 A의
목 부분이 끊임없이 원판 B로 향하여
있기 때문에, 원판 B를 일주하는 사이
에, 원판 A는 자신도 1회전하게 된다.
이 때문에 원판 A가 원판 B의 둘레

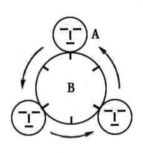

위를 미끄러지지 않고 일주할 때는, 원판 B의 원둘레의 길이가 원
판 A의 원둘레의 길이의 2배이기 때문에, 위의 1회전에 2회전을
더하여 3회전이 된다. 이리하여 오른쪽 그림과 같이 원판 B를
1/3주할 때마다, 처음과 같은 방향이 된다.

원판 A의 방향을 구한 4군데의 위치는, 1/8주, 1/4주, 1/2주,
3/4주한 때이다. 나머지 2군데는 1/3주씩에서 정면을 향한다는
것을 생각하면,

$$\frac{1}{2} - \frac{1}{3} = \frac{1}{6}(주), \quad \frac{3}{4} - \frac{1}{3} \times 2 = \frac{1}{12}(주)$$

했을 때와 같다. 이리하여 원판 A 자신이 회전한 각도에서 보면,
각각

$$\left(\frac{1}{8} \div \frac{1}{3}\right) \times 360 = 135(도)$$

$$\left(\frac{1}{4} \div \frac{1}{3}\right) \times 360 = 270(도)$$

$$\left(\frac{1}{6} \div \frac{1}{3}\right) \times 360 = 180(도)$$

$$\left(\frac{1}{12} \div \frac{1}{3}\right) \times 360 = 90(도)$$

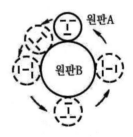

원판A

원판B

가 되고, 오른쪽 그림이 얻어진다.

문제 60

오른쪽 그림은 어떤 입체의 전개도 인데, 직사각형 1개가 부족하다. 부족 한 직사각형을 전개도의 적절한 위치 에 1개를 그려 넣어 보아라.

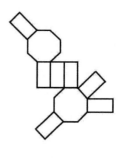

이 입체를 조립하기 위해서는, 한쪽 에 반드시 풀칠을 해야 할 부분을 여 백으로 남겨야 하는데, 여백은 몇 개 가 필요한가? 부족한 직사각형을 첨가한 것으로 하여 생각하라.

힌트

어느 면과 어느 면을 붙여 맞추게 되는가를 주의 깊게 생 각하여라.

해답

오른쪽 그림에서 붙여 맞출 두 변을
차례로 대응시켜 본다. 그러면 오른쪽
은 1, 2, 3, 4에서 일단 끝난다. 동일
하게 왼쪽도 조사하면 5에서부터 12
까지 가서 끝나게 된다. 이리하여 양
쪽으로부터 끝이 난 곳에 부족한 직사
각형이 있다. 이것을 추가로 그려 넣

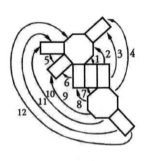

어서 완전한 전개도로 하는 데는, 화살표가 없는 어느 변에 직사
각형을 첨가하여 그려 넣으면 된다. 이것에는 4가지가 있는데, 그
중의 2가지를 보이면 다음 그림과 같이 된다.

또 풀칠할 여백이 필
요한 개수는 화살표로 표
시한 12군데 외에, 첨가
하여 그려 넣을 직사각형
의 세 변(한 변은 이미 붙
어 있음)을 합하여 모두
15군데가 된다.

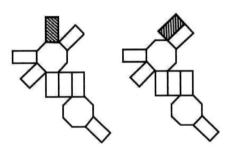

문제 61

내부 바닥의 한 변이 10㎝인 정사
각형이고, 깊이가 12㎝인 직육면체의
유리 그릇이 있다. 이 그릇에는 밑면
의 한 변을 3등분하고, 깊이를 4등
분한 눈금이 붙어 있다.

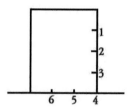

이 때문에 밑면의 한 변을 받침으
로부터 떨어지지 않게 하여, 어느 눈
금까지 기울이면 여러 가지 양을 측
정할 수 있다.

지금 이 그릇에 물을 가득히 담아
서 먼저 눈금이 ㉠이 되기까지 물을

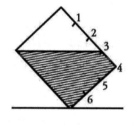

버린다. 그런 눈금이 ㉡이 되기까지 따로 준비한 비커에 물을
담았더니, 비커의 물은 550㎤가 되었다. ㉠과 ㉡을 구하여라.

힌트

우선 모든 눈금대로 기울였을 때의 물의 양을 계산하여 볼
일이다.

해답

그릇을 판판하게 하여 물을 가득히 담으면, 물의 양은

$10 \times 10 \times 12 = 1,200(\text{cm}^3)$

이다. 이것은 1, 2, 3, 4 의 눈금까지 기울이면 한 눈금마다

$10 \times 10 \times \dfrac{12}{4} \times \dfrac{1}{2} = 150(\text{cm}^3)$

씩 적어지므로, 각 눈금에 대한 물의 양은

$1,200-150=1,050(\text{cm}^3)$ …… 눈금 1
$1,050-150=900(\text{cm}^3)$ …… 눈금 2
$900-150=750(\text{cm}^3)$ …… 눈금 3
$750-150=600(\text{cm}^3)$ …… 눈금 4

로 되고, 5, 6의 눈금으로 기울이면 한 눈금마다

$600 \times \dfrac{1}{3} = 200(\text{cm}^3)$

씩 적어지므로,

$600-200=400(\text{cm}^3)$ …… 눈금 5
$400-200=200(\text{cm}^3)$ …… 눈금 6

이 된다.

이것으로부터 두 눈금의 양의 차가 550cm³가 되는 것을 발견하면 되는데, ㉠은 1, 2, 3, 4의 눈금 중의 어느 양이다. 그러나 2와 4의 눈금에서는 50cm³의 나머지가 나오지 않고, ㉠은 3의 눈금, ㉡은 6의 눈금이라는 것을 바로 알게. 된다. 이리하여 3의 눈금이 되기까지 물을 버리고, 6의 눈금이 되기까지 비커에 물을 부으면,

$750-200=550(\text{cm}^3)$

가 된다.

오른쪽 그림은 크기가 같은 6개의 정사
각형과, 크기가 같은 8개의 정삼각형에 둘
러 싸인 입체의 겨냥도와 전개도이다.

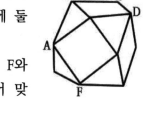

전개도로부터 입체를 만들 때, 점 F와
겹쳐지는 점은 어디냐? 전개도에 들어 맞
는 점을 찾아 •표를 하여
라. 또 정사각형 BCDE를
위로 하고, 이 면이 수평
이 되게 하면서 물에 절반
까지 담갔을 때, 젖는 부
분을 전개도에 빗금으로
표시하여라.

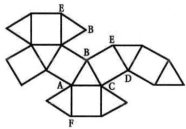

힌트

직관력과 주의력 문제이다. 차분하게 조사해 보자.

해답

이 입체를 자세히 보면, 어느 꼭지점에도 정사각형과 정삼각형이 2개씩 붙어 있다. 이 때문에 꼭지점 F에도 정사각형과 정삼각형이 당연히 2개씩 붙어 있다. 출제된 그림의 F에는, 1개의 정사각형과 1개의 정삼각형이 붙어 있다. 이 때문에 나머지는 한 개의 정사각형과 한 개의 정삼각형이 된다. 그래서 화살표와 같이 맞붙여 보면, 왼쪽에 F를 꼭지점으로 하는 한 개의 정사각형이, 오른쪽에 F를 꼭지점으로 하는 한 개의 정삼각형이 발견된다. 이것으로 2개의 정사각형과 2개의 정삼각형이 되었다.

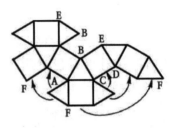

물에 젖는 부분에 대해서는, 윗면의 정사각형 BCDE의 어느 꼭지점과 이어져 있는 네 개의 정사각형에, 아래 그림의 위쪽과 같은 빗금을 긋는다. 이것을 붙이는 방법은 원래의 입체를 보면 명백하다. 그러면 이 대각선이 젖은 부분과 젖지 않은 부분의 경계이므로, 빗금 부분을 연결하여 가면, 오른쪽 그림의 아래쪽이 된다.

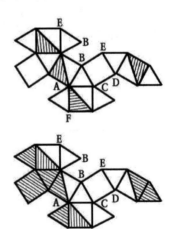

또 젖는 부분과 젖지 않는 부분의 면적이 같다는 것을 확인하면, 답은 완전하다.

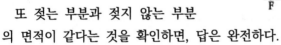

한 모서리의 길이가 6㎝인 정육면
체가 있다. 오른쪽 그림의 점 P는,
모서리 FG 위에 있으며 G에서부터
2㎝인 곳에 있다. A와 P를 맺는 굵
은 선은, 모서리 BC를 가로질러서,
A에서부터 P에 이르는 최단 경로이
다. 또 A와 P를 맺는 점선은, 모서

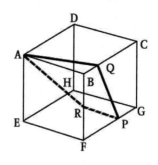

리 BF를 가로질러서 A에서부터 P에 이르는 최단 경로이다. 굵
은 선이 모서리 BC를 가로지르는 점을 Q, 점선이 모서리 BF
를 가로지르는 점을 R로 하여, BQ와 BR의 길이를 구하여라.

힌트

두 점을 맺는 최단 경로는 두 점이 같은 평면 위에 있으
면, 두 점을 맺는 직선이다. 그렇다면 두 점이 입체적인 배
치에 있으면 어떻게 될까?

해답

최단 경로를 정육면체 위에서 구하려면 어렵다. 먼저 AQ와 QP 가 포함하는 두 면만을 끄집어 내어, 모서리 CB인 곳에서 평평하게 펼쳐 놓는다. 그러면 오른쪽 그림 과 같이 되므로, A와 P를 직선으

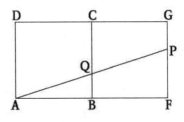

로 맺고, 모서리 CB와의 교점을 Q로 한다. AP가 최단 경로가 된 다는 것은 명백하기 때문에, QB의 길이를 구하면 된다. 삼각형 AQB와 삼각형 APF는 닮은꼴이고 AB의 길이는 AF의 길이의 절 반이다. 이 때문에 QB의 길이도 PF의 길이의 절반으로 되어,

$$QB = \frac{PF}{2} = \frac{GF - GP}{2} = \frac{6-2}{2} = 2(\text{cm})$$

가 된다. 다음에는 AR과 RP를 포 함하는 두 면을 끄집어 내어, 모서 리 BF인 곳에서 평평하게 펼쳐 놓 는다. 그러면 A와 P를 직선으로 맺은 것이 최단 경로이다. 이것과 모서리 BF와의 교점을 R이라고

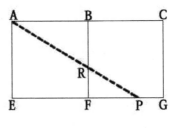

하면, BR의 길이를 구할 수 있다. 이번에는 삼각형 ABR과 삼각 형 PFR이 닮은꼴이 된다. 그러면 AB=6cm, PF=4cm이므로

BR=RF=6:4=3:2

이다. BF의 길이는 6cm이므로,

$$BR = \frac{3}{3+2} \times 6 = 3.6(\text{cm})$$

가 된다.

문제 64

주사위를 두 방향으로부터
본 겨냥도가 오른쪽과 같다.
아래 그림은 그 전개도인데,
3과 4와 6의 수가 그려져 있
지 않다.

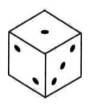

⊡과 ⊡, ⊞과 ⊞의 방향에도 주의하여 완전한 전개도를 그
려라. 다만, 주사위의 수의 표시는 겉과 뒤의 합이 7이다.

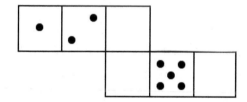

힌트

느낌으로도 복원할 수 있지만, 가능하면 확실한 방법을 써
보자.

해답

1과 6의 수가 주사위의 겉과 뒤의 관계이기 때문에, 2의 수의 오른쪽 옆이 6이 되는 것을 바로 알 수 있다. 또 2와 3과 6의 수가 보이고 있는 배치도로부터, 2와 6의 수의 연결 방법도 알 수 있다. 이리하여 먼저 6의 수가 오른쪽 그림같이 복원된다.

6의 수 아래가 3, 4의 수인가에 대해서는, 1과 2의 수가 있는 곳을 접어서, 오른쪽과 같은 겨냥도를 만들어 본다. 이런 겨냥도가 만들어진다는 것은 보기만 하여도 명백하다. 이것과 1과 2와 3의 수가 보이는 겨냥도를 비교하면, 1과 2의 수의 위치가 반대이다. 이것으로부터 6의 수 아래는 4가 되는 것을 알 수 있다.

5의 수 오른쪽 옆의 3에 대하여는 수의 배열방법을 조사할 필요가 있다. 이것에는 6의 수와의 연결 방법을 오른쪽 그림의 화살표와 같이 그리고, 3의 수의 배열 방법을 결정하는 것이 제일 좋은 듯하다. 이렇게하여 2와 3과 6의 수가 보이는 겨냥도에 주의하면, 아래의 전개도가 얻어진다.

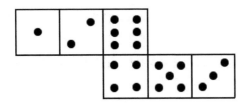

문제 65

〈그림 1〉과 같은 그릇에, 18㎝의 높이까지 물이 채워져 있다. 이것을 〈그림 2〉와 같이 거꾸로 하여, 수면이 ABCD의 평면과 평행이 되게 두었더니, 물이 들어 있지 않은 부분의 높이가 8㎝가 되었다. 이 그릇을 〈그림 3〉과 같이 옆으로 하여, 물의 깊이가 7.5㎝가 되게 하고 싶다. 처음에 들어 있던 물로부터 몇 ㎤의 물을 버리면 되는가?

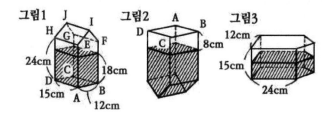

힌트

윗부분의 삼각형 모양으로 솟아오른 부분의 부피를 구하여야 한다.

해답

이 그릇에 들어 있는 물의 부피를
〈그림 1〉로부터 구하면,

$2 \times 15 \times 18 = 3,240(\text{cm}^3)$

이다. 또 〈그림 2〉의 반대로 된 상태
에서는, 직육면체 부분의 물의 높이
가 16cm(=24-8)이므로, 삼각으로 뾰
족해진 부분의 부피는, 직육면체로
환산하면 2cm(=18-16)의 높이에 해
당한다. 이것으로부터 삼각으로 뾰족
해진 부분의 부피는

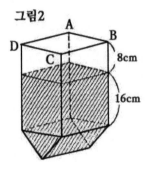

그림2

$12 \times 15 \times 2 = 360(\text{cm}^3)$

가 된다.

한편, 이 그릇의 직육면체 부분의
부피는

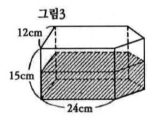

그림3

$12 \times 15 \times 24 = 4,320(\text{cm}^3)$

이므로, 전체의 부피는

$4,320 + 360 = 4,680(\text{cm}^3)$

이다. 이것을 〈그림 3〉과 같이 옆으로 하면, 높이가 15cm이므로,
바닥면적은

$4,680 \div 15 = 312(\text{cm}^2)$

이다. 이것에 깊이가 7.5cm가 되기까지 물을 넣으면, 물의 부피는

$312 \times 7.5 = 2,340(\text{cm}^3)$

이다. 이것으로부터 버려야 할 물의 양은

$3,240 - 2,340 = 900(\text{cm}^3)$

이다.

문제 66

    아래 그림과 같이 9㎝ 떨어진 평행선 가와 나 사이에, 직각
삼각형 A와 직사각형 B가 있다. 직각삼각형 A는 직선 가를 따
라서 매초 1㎝, 직사각형 B는 직선 나를 따라서 매초 3㎝의 속
도로, 동시에 화살표 방향으로 움직이기 시작했다. A와 B가 겹
쳐져 있는 부분의 면적이 일정한 값으로써 바뀌지 않는 것은,
움직이기 시작한지 몇 초 후부터 몇 초 후까지의 사이일까?

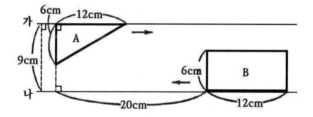

힌트

    직각삼각형 A에 직사각형 B의 왼쪽 윗구석의 꼭지점이 접
촉했을 때, 그 위치가 직각삼각형 빗변 어느 점에 오는가?

해답

직사각형 B의 위쪽 변의 높이는 직선 나로부터 6㎝이므로, 직선 가로부터는 3㎝이다. 그러면 직각삼각형 A의 아래쪽 끝(꼭지점)은 직선 가로부터 6㎝이므로, 직각삼각형과 직사각형이 교차했을 때, 직사각형의 위쪽 변은 직각삼각형의 빗변의 중점을 통과한다. 이리하여 움직이기 시작하기 전인 (a)의 상태에서는, 가로 방향의 길이는 그림과 같이 된다. 여기서 직각삼각형의 잘린 변의 길이가 6㎝가 된 것은, 위쪽 변이 12㎝이며, 그 절반으로 했기 때문이다.

그런데 겹쳐지는 면적이 일정하게 되는 것은, (b)의 상태로부터 (c)의 상태까지이다. 이들과 (a)의 상태를 비교하면, 직각삼각형과 직사각형의 양쪽이 움직인 길이의 합은, (b)의 상태까지가 20㎝, (c)의 상태까지가 26㎝이다. 직각삼각

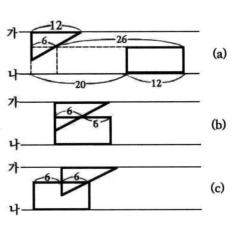

형은 매초 1㎝, 직사각형은 매초 3㎝의 속도이므로 양쪽을 더하면, 매초 4㎝(=1+3)씩 접근한다. 이 때문에 (b)의 상태가 되려면,

20÷4=5(초)

(c)의 상태가 되려면

26÷4=6.5(초)

로 되어, 5초에서부터 6.5초 사이가 일정한 면적으로 된다.

같은 크기의 정사각형의 접지를 오른쪽 그림과 같이, 아래로부터 적, 녹, 청, 황, 백색의 순서로 겹쳐서 정사각형 ABCD를 만들었다. 이 때 위로부터 보이는 부분의 면적은

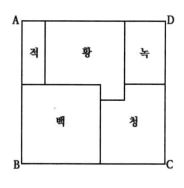

(그림의 길이는 정확하지 않다.)

청색이 80㎠,

황색이 100㎠,

백색이 120㎠

였다. 적색과 녹색의 면적은 각각 몇 ㎠인가?

힌트

잘 만들어진 문제이다. 생각할 점은 ABCD는 정사각형으로 되는 데에 있지만, 실마리를 잡기 어렵다. 심화 문제이다.

해답

자세하게 설명하지 않으면 이해하기 힘들기 때문에 세 쪽에 걸쳐서 해설한다. 위로부터 보이는 부분의 면적을 알고 있는 것은 청, 황, 백의 세 가지 색깔의 종이이다. 그래서 이것만을 끄집어 내어, 보이지 않는 부분도 포함하여 오른쪽 그림과 같이 그린다. 여기

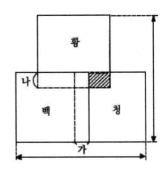

서 먼저 조사하는 것은 빗금친 직사각형의 면적이다.

흰 색종이의 면적은 120㎠로 이것은 전체가 보인다. 이것으로부터 어느 색종이의 면적도 모두 120㎠이다. 그러면 노란 색종이의 보이지 않는 부분의 면적은

120-100=20(㎠)

가 되고, 파란 색종이의 보이지 않는 부분의 면적은

120-80=40(㎠)

가 된다. 그러나 접지를 겹쳐서 큰 정사각형 ABCD를 만들었기 때문에, 그림에서 화살표로 표시한 가로와 세로의 두 폭은 같다. 그러면 가와 나의 폭도 같아지고, 오른쪽

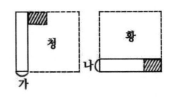

그림의 세로로의 길쭉한 청색 직사각형의 면적과, 가로로의 길쭉한 황색 직사각형의 면적도 같아진다. 청색 직사각형은 파란 색종이가 보이지 않는 부분으로부터 빗금친 직사각형을 뺀 것이므로, 그 면적은 40㎠에서 빗금을 친 직사각형의 면적을 뺀 것이다. 한

편 황색 직사각형은 노란 색종이의 보이지 않는 부분에 빗금의 직사각형을 더한 것으로서, 그 면적은 빗금친 직사각형의 면적을 20㎠에 더한 것이다. 이것으로부터 빗금친 직사각형의 면적은

$$\frac{40-20}{2}=10(㎠)$$

가 된다.

다음에 조사할 것은 청색과 황색의 색종이에 대하여, 보이고 있는 부분과 보이지 않는 부분의 변의 길이의 관계이다. 오른쪽 그림과 같이 노란 색종이만을 끄집어

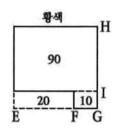

내면, 보이는 부분의 면적은 100㎠, 보이지 않는 부분의 면적은 20㎠이므로, 3개의 직사각형으로 나눈 각부분의 면적은, 그림에 써넣은 숫자와 같이 된다. 이것으로부터 색종이의 한 변의 길이를 1로 하면

$$EF=\frac{20}{20+10}=\frac{2}{3}$$

$$FG=\frac{10}{20+10}=\frac{1}{3}$$

$$HI=\frac{90}{90+20+10}=\frac{3}{4}$$

$$IG=\frac{20+10}{90+20+10}=\frac{1}{4}$$

이 된다. 또한 파란 색종이만을 끄집어내면, 보이는 부분의 면적은 80㎠, 보이지 않는 부분의 면적은 40㎠로, 앞에서 조사한 빗금 부분의 직사각형의 면적이 10㎠이므로, 각 부분의 면적은 오른쪽 그림과 같이 된다. 이것으로부터 색종이 한

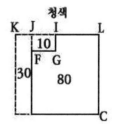

변의 길이를 1로 하면

$$KJ = \frac{30}{30+10+80} = \frac{1}{4}$$

$$IL = 1 - \left(\frac{1}{4} + \frac{1}{3}\right) = \frac{5}{12}$$

이다.

이상으로 준비가 끝났으므로, 위로부터 보이고 있는 부분의 빨간 색종이의 면적과 푸른 색종이의 면적을 구하여 본다. 먼저 푸른 색종이에서는, 보이고 있는 직사각형의 가로 변의 길이는 색종이의 한 변의 5/12, 세로 변의 길이 3/4이므로, 면적은

$$\frac{5}{12} \times \frac{3}{4} = \frac{5}{16}$$

이다. 그런데 색종이의 면적은 120㎠이므로: 이것의 $\frac{5}{16}$ 는

$$120 \times \frac{5}{16} = 37.5(㎠)$$

가 된다. 또 빨간 색종이에서는 보이는 직사각형의 세로의 변의 길이는 색종이의 한 변의 3/4이다. 가로 변의 길이는 1에서부터 2/3(변 EF의 길이)를 뺀 것이므로 1/3이 된다. 이리하여 색종이의 면적의

$$\frac{3}{4} \times \frac{1}{3} = \frac{1}{4}$$

이 되어, 그 면적은

$$120 \times \frac{1}{4} = 30(㎠)$$

이다. 빨간 색종이는 30㎠ 푸른 색종이는 37.5㎠가 된다.

5장
수와 도형의 응용문제

세로, 가로의 길이가 각각 9㎝, 13㎝인 직사각형 타일을, 아래 그림과 같이 1㎝의 사이를 떼고 정사각형으로 배열했다. 배열한 타일을 가장 적게 했을 때는 몇 장인가?

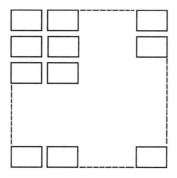

힌트

이런 상태로서 정사각형의 한 변의 길이를 구하려면 다소 번거롭다. 사고방법에서 좀더 색다른 연구가 필요하다.

해답

완성된 정사각형을 그 오른쪽으로 1㎝, 아래쪽으로 1㎝씩 확대하여 그림과 같이 하여 본다. 이래도 정사각형이 되는 것은 마찬가지이다. 그러나 이 둘레가 커진 정사각형에서는, 어느 타일에 대해서도, 오른쪽과 아래 쪽에 각각 1㎝씩 사이가 두어져 있다. 이것은 세로가

9+1=10(㎝)

가로가

13+1=14(㎝)

의 정사각형 타일을 깐 것과 같은 것이므로, 문제가 간단해졌다.

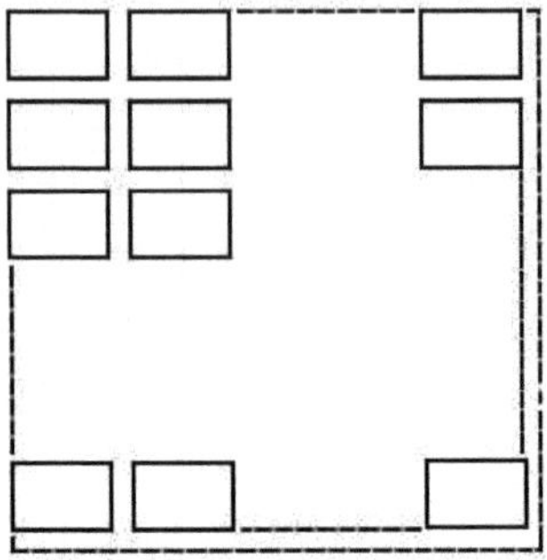

그래서 10과 14의 최소공배수를 구하면

10=2×5, 14=2×7

이므로

최소공배수=2×5×7=70

이 된다. 이것으로부터 세로 방향으로는

70÷10=7(장)

가로 방향으로는

70÷14=5(장)

의 타일을 깔면, 최소의 정사각형이 만들어진다. 이 때 정사각형의 한 변의 길이는

70-1=69(㎝)

가 된다.

　　오른쪽　그림과　같이　10원짜리
동전을　정사각형으로　배열한다.　그
러면　딱　들어맞는　정사각형이　되지
않고,　30개가　남게　된다.　그래서
한　줄을　더　늘이려고　한즉,　아깝게
도　3개가　부족하다.　10원짜리　동전
은　모두　몇　개일까?

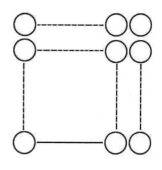

힌트

　정사각형으로　배열하는　데는　여러　가지　배열　방법이　있다.
출제한　방법으로　10원짜리　동전을　배열하면,　어떤　법칙을
깨닫게　될　것이다.

해답

10원짜리 동전을 정사각형으로 배열하는 데에, 먼저 왼쪽 아래 귀퉁이에 1개, 다음에는 갈고리 모양으로 애워 싸듯이 3개, 다음에는 그것을 갈고리 모양으로 애워 싸듯이 5개, 이런 식으로 오른쪽 그림과 같이 배열해 본다. 그러면 갈고리 모양으로 추가해 가는 10원짜리 동전은 3개, 5개, 7개와 같이 언제나 홀수개가 된다. 이것으로부터 알 수 있듯이, 같은 수를 두 번 곱한 것은,

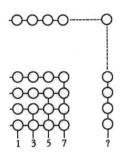

$$1 \times 1 = 1$$
$$2 \times 2 = 1 + 3$$
$$3 \times 3 = 1 + 3 + 5$$
$$4 \times 4 = 1 + 3 + 5 + 7$$

과 같이, 아래서부터 차례로 홀수만을 더한 것이다.

이 문제에서는 어떤 정사각형인 곳까지 배열하면 30개가 남고, 한 줄을 더 늘이려 하면 3개가 부족하다. 이것으로부터 갈고리 모양으로 추가해야 할 10원짜리 동전은 33개(=30+3)이다. 그러면 30개가 남았을 때의 정사각형은,

$$1 + 3 + 5 + 7 + \cdots\cdots + 31 = 256(개)$$

의 10원짜리 동전으로 만들어져 있을 것이고, 처음의 10원짜리 동전은 모두

$$256 + 30 = 286(개)$$

였다는 것이 된다. 또 256개를 구할 때의 계산은, 정사각형의 갈고리 모양으로 배열하는 방법으로부터 알 수 있듯이,

$$\frac{31+1}{2} + \frac{31+1}{2} = 256$$

이 된다.

문제 70

일직선으로 늘여 놓은 끈이 있다. 이것을 20등분한 점에 빨간 표지를 하고, 21등분한 점에는 파란 표지를 하여 간다. 빨간 표지와 파란 표지 사이의 길이를 조사해 본즉, 제일 짧은 곳은 2㎝였다. 이 끈의 길이는 얼마일까?

> **힌트**
>
> 빨간 표지와 파란 표지 사이의 길이는 위치에 따라서 여러 가지로 바뀐다. 제일 짧은 위치가 어디인가를 찾는 것이 선결 문제이다.

해답

20등분한 점과 21등분한 점을 실제로 그려 보면, 그림과 같다. 여기서 주목할 것은 끈의 중앙이 되접는 점으로 되어 있다는 것이다. 결국 빨간 표지와 파란 표지는 좌우 대칭으로 붙여져 있다. 이것에 착안하면 해결은 쉽다.

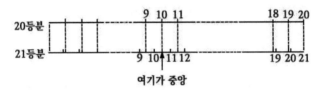

끈의 왼쪽 절반을 보면, 빨간 표지와 파란 표지 사이의 길이는, 오른쪽으로 향해서 조금씩 떨어져 나간다. 이리하여 왼쪽 끝의 첫머리에서 가장 접근해 있는 것을 알 수 있다. 그 차이는 끈의 길이를 1로 하면, 그의

$$\frac{1}{20} - \frac{1}{21} = \frac{1}{420}(배)$$

이다. 이 길이가 2㎝라고 하는 것은, 끈의 길이가

$$2 \div \frac{1}{420} = 840(㎝)$$

인 것을 의미한다.

이 문제는 주의 깊은 관찰이 중요하고, 그렇지 않으면 얼른 보았을 때 깜짝 놀라게 된다.

아래 그림의 A, B, C, D의 영역을 경계가 뚜렷하도록 색칠을 하여 나누기로 한다. 색깔은 많아야 적, 백, 황, 청의 네 가지 색깔을 쓰기로 한다면, 모두 몇 가지 방법으로 색칠을 할 수 있을까? 이 때 예를 들어 A와 D를 빨강으로 칠하더라도, B는 흰색, C를 노란색으로 칠하면 경계가 분명해진다.

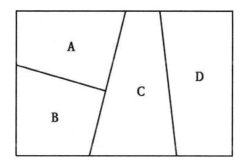

힌트

색칠하는 방법을 계획적으로 나누지 않으면 중복되거나 빠지거나 하는 경우가 생긴다.

해답

먼저 A를 빨강으로 칠하는 것으로 결정한다. 이 때의 칠하는 방법을 알면, A를 다른 색깔로 칠했을 때도 같은 일이므로, 이것을 4배하면 칠하는 전체 방법의 수가 된다.

D를 빨강으로 칠하면, B와 C는 빨강 이외의 다른 색으로 되므로, 가능한 경우를 알아보면,

$$
B(백) \Big\langle \begin{matrix} C(황) \\ C(청) \end{matrix} \qquad B(황) \Big\langle \begin{matrix} C(백) \\ C(청) \end{matrix} \qquad B(청) \Big\langle \begin{matrix} C(백) \\ C(황) \end{matrix}
$$

의 6가지 방법이 있다.

D를 빨강 이외의 색깔로 칠할 때는, D와 B는 같은 색깔이냐 다른 색깔이냐로서 상황이 갈라진다. 같은 색깔인 때는, B와 C에 대하여는

$$
B(백) \Big\langle \begin{matrix} C(황) \\ C(청) \end{matrix} \qquad B(황) \Big\langle \begin{matrix} C(백) \\ C(청) \end{matrix} \qquad B(청) \Big\langle \begin{matrix} C(백) \\ C(황) \end{matrix}
$$

이 되어 역시 6가지가 된다. D와 B가 다른 색깔인 때는

$$
B(백) \left\{ \begin{matrix} C(황) \\ D(청) \\ C(청) \\ D(황) \end{matrix} \right. \qquad B(황) \left\{ \begin{matrix} C(백) \\ D(청) \\ C(청) \\ D(백) \end{matrix} \right. \qquad B(청) \left\{ \begin{matrix} C(백) \\ D(황) \\ C(황) \\ D(백) \end{matrix} \right.
$$

이 되어, 이것도 6가지가 된다.

이리하여 A를 빨강으로 칠할 때는, 색칠하는 방법은 모두 18가지가 있다. A를 백, 황, 청으로 색칠할 때도 역시 마찬가지로 생각할 수 있기 때문에, 전체로는 72가지(=18×4)가 된다.

문제 72

정수(整數)를 어떤 규칙을 따라서 아래의 그림 A와 같이 ○를 적어 넣어 표시하기로 했다. 이 규칙을 알아내어, 아래의 그림 B의 ( ) 속에 그 정수를 써 넣어라. 또 정수 100을 나타내려면 ○표를 어디에 표시하면 되는가?

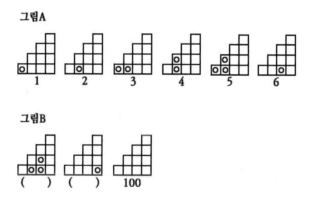

그림A

그림B

힌트

그림 A를 자세히 관찰하면, 어떤 규칙을 발견할 수 있다. 관찰력과 주의력의 문제이다.

해답

오른쪽 그림을 보면, 왼쪽 끝의 ○를 1, 그 다음의 ○를 2로 하여, 1의 ○와 2의 ○의 2개가 있을 때는, 그 2개를 더하여 3(=1+2)으로 하고 있다. 이 같은 계산 방법으로서, 오른쪽 그림의 4와 5도 설명이 된다. 이것으로 왼쪽 2열을 써서, 1에서 부터 5까지의 정수를 잘 나타낼 수 있었다. 그러면 6은 나타낼 수 없으므로 왼쪽으로부터 3번째 줄의 ○를 6으로 한다. 이것이 오른쪽 그림의 6이다. 이리하여 3번째 줄이 6이 되면, 그림 B의 처음 것에서는, 2의 ○의 1개와 6의 ○ 2개가 있으므로,

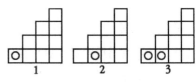
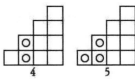

$$(2 \times 1)+(6 \times 2)=14$$

가 된다. 그런데 왼쪽으로부터 3번째 줄까지를 모두 ○로 메꾸어 버리면,

$$1+(2 \times 2)+(6 \times 3)=23$$

이 된다. 이래서는 24를 나타낼 수 없기 때문에, 왼쪽으로부터 4번째 줄의 ○는 24이다. 그러면 100은

$$(2 \times 2)+(24 \times 4)=100$$

으로 되어, 오른쪽 그림과 같이 나타내게 된다. 이런 방법으로 모든 정수를 모순 없이 나타낼 수 있다는 것은, 조금만 조사해 보면 알 수 있다.

A, B, C, D 네 사람이 100m 경주를 하였다. 오른쪽 표는 네 사람이 순위를 예상하여 본 것으로, ①은 B의 예상이다. 경주가 끝난 후 순위를 조사해 본

	1등	2등	3등	4등
①	D	B	C	A
②	D	A	B	C
③	A	B	C	D
④	C	A	B	D

즉, 네 사람이 모두 자기가 예상한 순위에서 빗나가 있었다. 또 어느 사람도 다 1등에서부터 3등까지의 순위에서는 누군가를 맞히고 있었다. 4등을 맞힌 사람은 한 사람도 없었고, 3등을 맞힌 사람은 두 사람이었다. 실제의 순위와 ②, ③, ④는 누가 예상한 것인지를 맞혀 보자.

힌트

퍼즐과 같은 문제이다. 추리를 잘 하여 실제의 순위를 맞혀 보자. 누가 예상한 것인가는 그 후의 문제이다.

해답

4등을 맞힌 사람은 한 사람도 없는 데도, ①은 A, ②는 C, ③과 ④는 D를 4등으로 예상하고 있다. 이것들은 모두 빗나간 셈으로, 여기에 포함되어 있지 않은 B가 4등이다. 그러면 3등을 B로

	1등	2등	3등	4등
①	D	B	C	A
②	D	A	B	C
③	A	B	C	D
④	C	A	B	D

예상한 ②와 ④는 틀린 것이다. 나머지 두 사람은 3등을 C로 예상하고 있으므로, 이 두 사람은 맞았다. 이렇게 해서 3등은 C, 4등은 B로 결정되었다.

다음에는 ①을 보면, 2등을 B로 예상하고 있다. 그러나 ①은 B가 예상한 것이라고 알고 있으므로, 이것은 빗나갔을 것이다. 왜냐하면 누구도 자기의 순위를 맞히지 못하였기 때문이다. 그런데 2등을 A로 하지 않으면, ④는 모든 예상에서 빗나간 것이 되고 만다. ④의 예상과 지금까지의 결과를 비교하여 보면, C는 3등에서 빗나갔고, B는 4등에서 빗나갔으며, D는 1등이나 2등에서 빗나가게 된다. 이리하여 A는 2등이 되고, 나머지 D가 1등이 된다.

다음에는 ②, ③, ④가 누가 예상한 것인가를 조사해 본다. ②의 예상을 보면, 빗나간 것은 B와 C이다. 그러나 B는 ①이기 때문에, ②는 C가 된다. 또 ④의 예상을 보면 A만을 맞히고 있다. 이것으로부터 ④는 A가 아니고, ①은 B, ②는 C로 정해져 있으므로, ④는 D가 된다. 그러면 나머지 ③은 A로 결정된다.

문제 74

BC의 길이가 AB의 길이의 2
배인 직사각형이 오른쪽 그림과
같이 있다. 지금 점 P는

A→B→C→D→A

의 순서로 일주하는 것으로 하고, AB 위에서는 매초 2㎝, BC
위에서는 매초 4㎝, CD 위에서는 매초 6㎝, DA 위에서는 매
초 8㎝의 속도로 진행했더니, 일주하는 데에 102초가 걸렸다.
AB와 BC의 길이는 각각 몇 ㎝인가?

힌트

적당한 길이를 상정하여 일주하는 시간을 계산하면, 그것을
102초에 맞게 할 역산으로부터, 바른 길이가 나온다.

해답

AB, BC, CD, DA 위에서의 속도가 각각 매초 2㎝, 4㎝, 6㎝, 8㎝이므로, 이 중의 어느 것으로도 나누어 떨어지는 길이를 생각하면, 최소의 길이는 24㎝이다. 그래서 가령 AB를 24㎝,

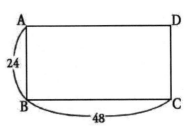

BC를 48㎝로 하여, 일주에 걸리는 시간을 계산하여 본다. 먼저 AB 위에서는 매초 2㎝의 속도이므로, 그 사이의 시간은

$$\frac{24}{2} = 12(초)$$

이다. 그리고 BC 위에서는 매초 4㎝이므로,

$$\frac{48}{4} = 12(초)$$

이다. 마찬가지로 생각하면, CD 위에서는

$$\frac{24}{6} = 4(초)$$

DA 위에서는

$$\frac{48}{8} = 6(초)$$

이다. 이들의 시간을 합산하면

12+12+4+6=34(초)

가 된다. 그런데 실제로 걸린 시간은 102초이므로, 가정으로 생각한 길이에 대하여 모두 3배(=102÷34)로 할 필요가 있다. 이렇게 AB의 길이는 72㎝, BC의 길이는 144㎝가 된다.

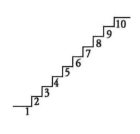

A씨와 B씨의 오른쪽 그림의 계단을
사용하여 「가위, 바위, 보」놀이를 하고
있다. 놀이 방법은 다음과 같다. 처음에
두 사람이 모두 1번 계단에 서서, 「바
위」로 이기면 4계단, 「가위」로 이기면
5계단을, 「보」로 이기면 6계단을 움직
인다. 10번 계단까지 올라간 후는 다시 내려오고, 1번까지 다
내려오면 다시 올라간다. 이를 테면 처음에 「바위」를 이기고,
다음에 다시 「보」로 이기면 9번 계단에 서게 된다.

A씨가 2번 계단에서 멈추려면 최저 몇 번을 이겨야 하느냐?
또 3번의 「가위, 바위, 보」놀이에서 두 사람이 같은 계단에서
서게 되려면, 몇 번의 계단일까? 다만, 비기는 경우는 없었다고
한다.

힌트

구체적인 조합을 조사해야 올바른 답을 찾을 수 있다.

해답

우선 A씨가 2번 계단에서 서게 되는 경우를 생각한다. 한 번의 「가위, 바위, 보」로는 될 수 없기 때문에, 10번 계단에서 내려왔다고 친다. 그러면 움직인 계단의 수는 위로 9계단, 아래로 8계단이므로 모두 17계단이 된다. 이것을 4계단, 5계단, 6계단의 합으로 나타내면

4+4+4+5=17, 6+6+5=17

의 어느 경우이다. 이것으로부터 최저 세 번의 「가위, 바위, 보」가 필요하며, 그것은 「가위」로 한 번, 「보」로 두 번을 이겼을 때이다.

다음에는 두 사람이 같은 계단에 서 있는 때를 생각해 보자. 「가위, 바위, 보」는 세 번이기 때문에, 한 사람이 세 번을 모두 이기거나, 어느 쪽이 두 번을 이기게 되는 경우밖에 없다. 한 사람이 세 번을 모두 이길 때는, 다른 한 사람은 1번 계단에 그대로 있게 된다. 그러면 세 번을 다 이긴 사람은, 10번 계단까지 올라갔다가, 다시 1번 계단까지 내려온 것이 된다. 이 때에 움직인 계단의 수는 18계단으로

6+6+6=18

이다. 이것으로부터 한 사람이 「보」로 세 번을 연속하여 이기면, 두 사람은 다같이 1번 계단에 서게 된다.

어느 쪽이 두 번을 이겼을 때는, 그 사람이 움직이는 계단이 제일 적은 때가 8계단(9번 계단에서 멈춘다)이고, 제일 많을 때가 12계단(7번 계단에서 멈춘다)이다. 또 한 번을 이긴 사람은, 제일 적은 때가 4계단(5번 계단에서 멈춘다)이고, 제일 많은 때가 6계단(7번 계단에서 멈춘다)이다. 이것으로부터 두 사람이 멈추어 서는 계단이 일치하는 것은, 한 사람이 「보」로 두 번 이기고, 다른 한 사람이 「보」로 한 번 이겨서, 두 사람이 모두 7번 계단에서 멎었을 때 뿐이다.

문제 76

세로 16m, 가로 20m인 직사각형 땅이 있다. 그 속에 아래 그림과 같은 화단을 만들고, 그 주변을 폭 1m의 길로 둘러 쌌다. 화단 모양은 세로와 가로의 비율이 원래의 땅의 세로와 가로의 비율과 같은 직사각형이다. 알아 본 결과 도로를 뺀 토지의 면적은 262㎡이다. 화단 둘레의 길이와 그 면적을 구하라.

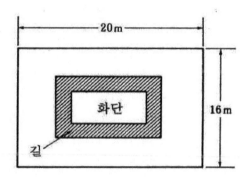

힌트

이것은 그리 어려운 문제는 아니다. 먼저 길의 면적을 구하고, 다음에 화단 둘레를 구하도록 한다.

해답

토지의 전체 면적은

16×20=320(㎡)

이다. 그러면 길을 제외한 토지의 면적이 262㎡이므로, 길 면적은

320-262=58(㎡)

이다. 여기서 오른쪽 그림과 같이, 길의 네 모서리로부터 면적이 1㎡씩 되는 정사각형을 빼면, 도로의 나머지 면적은

58-(1×4)=54(㎡)

이다. 이 길은 모두 화단에 접하고 있으므로, 이것을 너비 1m로 나누면, 화단 둘레의 길이는 54m이다.

다음에 화단의 면적을 구하기 위하여, 둘레의 길이를 2로 나누어 27m를 구한다. 이것은 화단의 세로와 가로의 길이의 합이므로, 세로와 가로의 비율을 원래의 토지의 세로와 가로의 비율과 같게 하면 된다. 원래의 토지의 세로와 가로의 비율은

16:20=4:5

이므로, 세로의 길이는

$$27 \times \frac{4}{4+5} = 12(m)$$

가로의 길이는

$$27 \times \frac{5}{4+5} = 15(m)$$

가 된다. 이것으로부터 화단의 면적은

12×15=180(㎡)

이다.

문제 77

아래 그래프는 A역으로부터 B역으로 가는 급행열차와 보통
열차의 시간과 거리의 관계를 나타낸 것이다. 급행열차는 보통
열차보다 10분 뒤에 A역을 출발하여, 도중에 정차해 있는 보
통열차를 추월하여, B역에 먼저 도착한다.

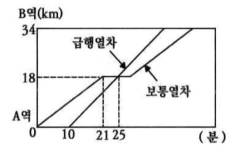

급행열차는 A역을 출발하여 몇 분 몇 초 후에 B역에 도착하
는가? 또 보통열차가 급행열차보다 18분 20초 뒤에 B역에 도
착한고 하면, 도중에서 몇 분간을 정차한 것인가?

힌트

그래프를 잘 읽을 수 있느냐가 문제이다. 읽을 수만 있으
면 평범한 계산 문제이다.

해답

A역을 출발한 급행열차가 보통열차를 추월하기까지에는 15분 (=25-10)이 걸렸다. 이 동안의 거리는 18km이므로, 급행열차는 1분간에

$18 \div 15 = 1.2 (km)$

씩 진행한다. 그러면 A역에서부터 B역까지의 거리가 34km이므로, 급행열차는 A역을 출발하여 B역에 도착하기까지

$$\frac{34}{1.2} = \frac{85}{3} = 28\frac{1}{3}(분)$$

이 걸린다. 이것은 28분 20초 후라는 뜻이 된다.

다음에 A역을 출발한 보통열차는 21분이 걸려서 도중의 정차지점에 도착하였다. 이 사이의 거리는 18km이므로, 보통열차는 1분간에

$$\frac{18}{21} = \frac{6}{7}(km)$$

씩 진행한다. 이 때문에 만일 도중에서 정차하지 않는다면, A역에서부터 B역까지를

$$34 \div \frac{6}{7} = \frac{119}{3} = 39\frac{2}{3}(분)$$

으로 달려 갈 것이다. 이것으로부터 A역을 급행열차보다 10분 먼저 출발하면, B역에는

$$\left(39\frac{2}{3} - 10\right) - 28\frac{1}{3} = 1\frac{1}{3}(분)$$

만큼 뒤늦게 도착할 것이다. 그런데 실제는 18분 20초나 늦어졌다. 이것은 도중에서

18분 20초-1분 20초=17분

이나 정차하고 있었기 때문이다.

〔예상되는 투표수의 비율〕

	A지구	B지구	C지구	D지구
갑	60%	30%	55%	50%
을	40%	70%	45%	50%

A, B, C의 3개 지구에서 실시한 선거에 갑과을 두 사람이 입후보하였다. 예상으로는 각 지구에서 갑, 을 각각에 투표한 비율과 합계의 비율이 위의 표와 같았다. 그런데 B지구의 예상만이 틀려서, 최종결과는 78,400표 차로 갑이 당선되었다. 오른쪽 그래프는 A, B, C의 순서로 개표했을 때의 득표수로서, B지구의 개표가 끝났을 때는 63,000표의 차가 있었다. 그래프의 ㄱ, ㄴ, ㄷ, ㄹ, ㅁ에 알맞은 수를 구하여라.

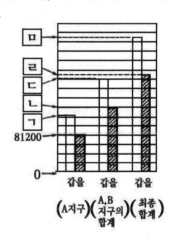

힌트

출제 내용과 막대 그래프를 잘 비교하여 보자.

해답

A지구에서의 갑과 을의 득표율은 각각 60%, 40%이고, 을의 득표수는 81,200표이므로, 갑의 득표수는

$$81,200 \times \frac{60}{40} = 121,800(표)$$

이다. 또 눈금은 20,000표 단위이므로, A, B 두 지구의 합계에서는 을의 득표수는 140,000표이다. 이것으로부터 이 두 지구에서의 갑의 득표수의 합은

$$140,000 + 63,000 = 203,000(표)$$

이다. 한편 최종 결과에서의 득표수의 차는 78,400표이므로, C지구만에서의 득표수의 차는

$$78,400 - 63,000 = 15,400(표)$$

로서, 이것은 C지구의 투표수의

$$55 - 45 = 10(\%)$$

에 해당한다. 이것으로부터 C지구의 투표수는

$$15,400 \div 0.1 = 154,000(표)$$

가 된다. 그러면 C지구에서의 갑의 득표수는

$$154,000 \times 0.55 = 84,700(표)$$

이고, 을의 득표수는

$$154,000 \times 0.45 = 69,300(표)$$

이다. 이렇게 갑의 총득표수는

$$203,000 + 84,700 = 287,700(표)$$

이고, 을의 총득표수는

$$140,000 + 69,300 = 209,300(표)$$

가 된다.

이상을 정리하면, ㄱ=121,800, ㄴ=140,000, ㄷ=203,000, ㄹ=209,300, ㅁ=287,700이 된다.

문제 79

한 변의 길이가 10㎝와 12㎝인 주사위를, 왼쪽 끝을 일치시
켜 아래 그림과 같이 배열한다. 주사위의 수는 모두

1, 2, 3, 4, 5, 6, 1, 2, 3, 4, ⋯⋯⋯

와 같이 규칙적으로 반복되게 한다.

12㎝ 주사위의 6의 수 위에 10㎝ 주사위의 6의 수가 처음으
로 튀어 나오지 않고 일직선으로 엎혀지는 것은, 12㎝의 주사
위로 세었을 때, 왼쪽 끝에서부터 몇 개째가 되는가?

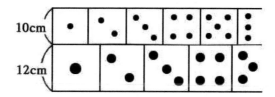

힌트

문제 자체는 어렵지 않으나 차분히 생각하지 않으면 틀리
기 쉽다.

해답

2개의 주사위는, 오른쪽 그림 과 같이 세 가지로 될 것 같지 만, 가운데는 없다. 10cm와 12 cm의 차는 2cm이고, 이것의 배수 로 밖에는 서로의 위치가 벗어나 있지 않기 때문이다.

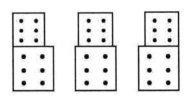

먼저 주사위의 오른쪽 끝이 일치하면, 10cm의 주사위의 오른쪽 끝은 처음부터의 길이가, 60cm, 120cm, 180cm…라는 식으로 60cm 씩 늘어나고, 12cm의 주사위의 오른쪽 끝은 72cm, 144cm, 216 cm…라는 식으로 72cm씩 늘어나므로, 두 주사위의 길이가 일치할 때를 조사하면 된다. 이것은

60=12×5,72=12×6

에 주의하면

12×5×6=360(cm)

가 맨 처음이다. 12cm의 주사위로 생각하면,

30개째(=360÷12)

에 해당한다.

주사위의 왼쪽 끝이 일치하면 10cm의 주사위의 왼쪽 끝은 50 cm, 110cm, 170cm, ……로 60cm씩 늘어나고, 12cm의 주사위의 왼 쪽 끝은 60cm, 132cm, 204cm, ……로 72cm씩 늘어난다. 이 차이 가 60cm의 배수로 되는 곳에서 일치하게 될 것인데, 실제로 차이 를 만들어 보면, 처음의 5개는 10, 22(=10+12), 34(=10+24), 46(=10+36), 58(=10+48)로 된다. 나머지는 60씩을 합하게 되므 로, 왼쪽 끝이 일치되는 일은 없다. 이리하여 답은 30번째의 주사 위가 된다.

문제 80

　아래 그림과 같이 A, B, C, D 네 개의 톱니바퀴가 맞물려 있
다. A의 톱니수는 48개이며, B와 맞물려 돌아간다. B는 C와 한
고정축에 부착되어 있어서 C와 함께 회전한다. 그리고 C의 톱
니수는 B의 톱니수의 4배이다. D는 C와 맞물려 돌아가고, A가
1회전하는 동안에 D는 6회전을 한다. D의 톱니수를 구하라.
　다만, 그림에 보인 톱니바퀴의 톱니수는 설명을 위한 것으로
서 정확하지는 않다.

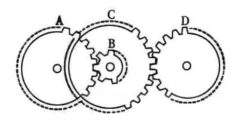

힌트

톱니바퀴의 회전속도는 톱니수에 반비례 한다.

해답

B의 톱니수를 모르면 답을 구할 수 없을 것같이 생각되지만, 그런 걱정은 하지 않아도 된다. 가령 B의 톱니수를 16개라고 하면, A의 톱니수와의 비는

$$\frac{48}{16}=3$$

이므로, B의 톱니바퀴는 A의 3배의 속도로 회전한다. 그러면 C의 톱니바퀴도 같은 속도로 회전하고, 더욱이 톱니바퀴의 수는

$$16 \times 4 = 64(개)$$

이다. 이것으로부터 D의 톱니바퀴가 A의 6배의 속도로서 회전하기 위해서는, C의 2배(=6÷3)의 속도로 회전하는 것이 되고, D의 톱니수는

$$\frac{64}{2}=32(개)$$

가 된다.

이 32개의 톱니수는 실은 B의 톱니수를 바꾸어도 마찬가지이다. 이것을 확인하기 위하여 B의 톱니수를 6개로 하여 본다. 그러면 B의 톱니바퀴는 A의 8배(=48÷6)로 회전하고, C의 톱니바퀴도 같은 속도로 회전한다. C의 톱니수는 24개(=6×4)이므로, D의 톱니바퀴가 A의 6배의 속도로서 회전하려면, D의 톱니수는

$$24 \div \frac{6}{8}=32(개)$$

가 된다.

이것으로부터 알 수 있듯이, 두 번의 나눗셈을 하고 있으므로, B의 톱니수는 D의 톱니바퀴의 속도에는 관계가 없다.

문제 81

여기에 2개의 끈이 있다. 양쪽으로부터 같은 길이를 잘라냈
더니, 나머지 길이의 비가 2:1이 되었다. 다시 양쪽으로부터
먼저 번에 잘라 낸 길이만큼 잘라냈더니, 나머지의 길이의 비
가 4:1이 되었다. 원래의 끈의 길이의 비는 얼마인가?

힌트

끈의 길이의 비가 4:1로 된 마지막 상태로부터, 거꾸로 생
각해 보아라. 의외로 간단히 풀려질 것이다.

184

해답

끈의 길이의 비가 4:1
로 된 마지막 상태와, 그
직전의 2:1인 상태를 만
들면, 아래의 그림처럼
된다. 여기서 위쪽은 마

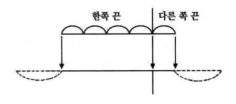

지막 상태, 아래쪽은 그 직전 상태이고, 점선 부분은 양쪽 끈으로
부터 잘라낸 것을 나타내고 있다.

지금 위쪽의 마지막 상태에서, 긴 쪽 끈 길이를 4, 짧은 쪽의
길이를 1로 하여 본다. 그러면 잘라낸 끈의 길이를 □이라 하면,

4+□:1+□=2:1

이 된다. □에 1, 2, 3…으로 넣어 보면, 용케도 2로서 들어 맞는
다. 이리하여 잘라내기 전의 상태에서는, 긴 쪽의 끈의 길이는 6,
짧은 쪽은 3이 된다. 그러면 다시 그 전의 최초의 상태는, 각각의
끈에 2만큼 길이를 더 하면 원래의 것이 된다. 이것은 긴 쪽의 끈
의 길이가 8, 짧은 쪽이 5였다는 것을 가리킨다.

지금까지의 계산은, 길이의 비가 4:1로 된 마지막 상태이고, 짧
은 쪽의 끈의 길이를 1로 했을 때의 값이다. 이것을 바꾸면, 최초
의 길이도 여러 가지로 바뀌어지지만, 양쪽 끈의 길이의 비는 바
뀌어지지 않는다. 이리하여 최초의 상태에서의 끈의 길이의 비는
8:5가 된다.

직사각형 ABCD가 아래 그림과 같이 있다. 점 P는 A에서부터 B의 방향으로 매초 2㎝, 점 Q는 C에서부터 D의 방향으로 매초 3㎝의 속도로, A, C를 동시에 출발하였다. PQ가 변 AD와 평행이 되는 것은, 출발 후 몇 초 뒤인가? 또 사다리꼴 APQD와 BPQC의 면적의 비가 5:7로 되는 것은 출발 후 몇 초 뒤인가?

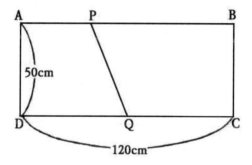

힌트

문제의 본질이 어디에 있는가를 정확하게 간파하는 것이 중요하다. 이것만 되면 그렇게 어려운 문제는 아니다.

해답

PQ가 변 AD와 평행이 된다는 것은, 점 Q가 B로부터 A방향으로 점 P와 마주 보고 출발했을 때, 이 두 점이 서로 만나는 것과 같다. 두 점은 매초 5㎝(=2+3)씩 접근하기 때문에, 120㎝를 떨어져 있으면, 출발한지 24초(=120÷5) 후에 만나게 된다. 이리하여 24초 후에 PQ는 변 AD와 평행이 된다.

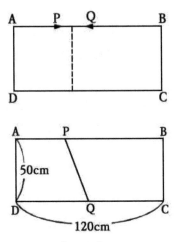

사다리꼴 APQD와 BPQC의 면적의 비가 5:7이 된다는 것은, 사다리꼴 APQD의 면적이 직사각형 ABCD의 $\frac{5}{12}(=\frac{5}{5+7})$가 된다는 것이다. 이 높이는 어느 쪽도 50㎝이므로, 이 때의 사다리꼴의 윗변과 아랫변의 합은

$$AP+QD=120\times2\times\frac{5}{12}=100(\text{㎝})$$

가 될 것이다.

지금 점 P와 점 Q가 출발할 때를 생각하면,

$$AP=0, \quad QD=120(\text{㎝})$$

이고, 윗변과 아랫변의 합은 120㎝이다. 이것이 100㎝가 되는 데는 20㎝(=120-100)만큼 짧아져야 한다. 그런데 점 P는 매초 2㎝의 속도, 점 Q는 매초 3㎝의 속도이므로, AP+QD는 매초 1㎝의 비율로 짧아지고, 20㎝를 짧게 하려면 20초(=20÷1)가 걸린다. 이렇게 출발한지 20초 후에 사다리꼴 APQD와 BPQC의 면적의 비는 5:7이 된다.

문제 83

A, B, C, D 네 사람이 ○, ×로 표시하는 시험을 보고, 서로의 결과를 비교하여 보았다. 네 사람은 아래 표와 같이 ○, ×로 표시하고, A와 B는 모두 70점, C는 60점을 받았다. 이 결과로부터 D는 어느 것과 어느 것을 틀려서, 몇 점을 얻었을까?

	1문	2문	3문	4문	5문	6문	7문	8문	9문	10문	점수
A	○	×	○	×	○	○	×	×	×	○	70
B	○	○	×	×	×	○	○	○	×	×	70
C	×	×	×	○	○	×	○	×	○	×	60
D	○	×	×	○	○	×	×	○	○	×	?

힌트

어디서부터 손을 대야 하는지가 문제이다. 생각없이 덤벼들지 말고 확고한 방침을 세워야 한다.

해답

A와 B는 어느 쪽도 7개씩을 옳게 풀었으므로, 두 사람은 합하여 14개가 정답이다. 그런데 두 사람의 표시가 일치하고 있는 것은 4문제뿐이다. 이 중에 틀린 답이 있으면, 표시가 일치된 것에서의 정답의 합계는 6개 이하이고, 표시가 일치하지 않는 곳에서의 정답의 합계는 6문제(=10-4)가 되어, 합산해도 14문제가 되지 않는다. 이것으로부터 두 사람의 표시가 일치하고 있는 것은 모두 정답이고, 1문 …… ○, 4문 …… ×, 6문 …… ○, 9문 …… ×가 된다.

마찬가지로 하여 A와 C, B와 C를 생각하면, 어느 쪽도 정답의 합계가 13문제이므로, 공통의 정답이 적어도 3문제는 있을 것이다. 그런데 어느 쪽의 경우도 표시가 일치된 것은 3문제뿐이다. 이 때문에 A와 C에 대해서는

2문 …… ×, 5문 …… ○, 8문 …… ×

가 정답이 되고, B와 C에 대해서는

3문 …… ×, 7문 …… ○, 10문 …… ×

가 정답이다. 이것으로 10문제 모두의 정답이 결정되어, D는 4, 6, 7, 8, 9번 문제를 틀려서 50점을 받았다.

	1문	2문	3문	4문	5문	6문	7문	8문	9문	10문	점수
A	○	×	○	×	○	○	×	×	×	○	70
B	○	○	×	×	×	○	○	○	×	×	70
C	×	×	×	○	○	×	○	×	○	×	60
D	○	×	×	○	○	×	×	○	○	×	50
답	○	×	×	×	○	○	○	×	×	×	

연못 둘레를 일주하는 길이 있다. A, B, C 세 사람이 같은 장소로부터 동시에 출발하였다. A와 B는 오른쪽으로 돌고 C는 왼쪽으로 돌았다. A는 매분 80m, B는 매분 65m의 속도로 걸었다. C는 출발한지 20분 후에 A와 만났고, 거기서부터 2분 후에 B와 만났다. 연못의 둘레는 몇 m인가?

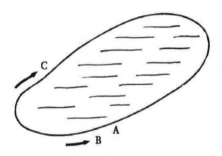

힌트

상당히 어려운 문제이다. 먼저 C가 걷는 속도를 구하지 않으면 문제를 풀 수 없다. 이것에는 A와 C가 만났을 때를 기준으로 하는 것이 좋다.

해답

A는 매분 80m, B는 매분 65m의 속도로 걷기 때문에, A와 B는 매분 15m(=80-65)씩 멀어지게 된다. 이 때문에 A와 C가 만났을 때를 생각하면, 두 사람은 출발한 지 20분 후에 만나고 있으므로, 이 때 B는 A로부터 300m 뒤를 걷고 있다는 것이 된다.

그로부터 2분 후에 C가 B를 만났다고 하는 것은, 두 사람이 300m의 거리를 마주보고 걷는 데에 2분이 걸렸다는 것이다. 이것은 매분 150m씩 접근한다는 것으로서, B가 매분 65m의 속로로 걷는다는 것을 생각하면, C는 매분 85m(=150-65)의 속도로 걷는 것이 된다. 이것으로 C가 걷는 속도가 결정되었다.

A가 매분 80m, C가 매분 85m의 속도로 걷게 되면, 두 사람이 마주보고 걸을 때, 매분 165m(=80+85)씩 접근하는 것이 된다. 이 두 사람이 출발해서 20분 후에 만났다고 하는 것은

$165 \times 20 = 3,300$

의 계산으로부터 두 사람이 합하여 3,300m를 걸었다는 것이 된다. 이 길이가 바로 연못 둘레의 길이이다.

6장
수의 고급 응용문제

문제 85

A씨는 규격 외 봉투에 여행 사진을 넣어서, 친구 B씨에게 보내려고 한다. 무게를 달아 우편물의 요금표로 정확한 요금을 조사했으나, 때마침 가지고 있는 것은 40원짜리 우표와 70원 짜리 우표뿐이었다. 이 우표를 여러 가지로 조합하여 보았으나, 도무지 정확한 요금으로 맞출 수가 없다. 부득이 10원을 추가 하여 보냈다. 그렇다면 정확한 요금은 얼마인가? 다만, 요금은 140원 이상이라고 한다.

힌트

묘한 문제이다. 이런 조건으로 풀려질까 하는 의심도 들지 만 딱 맞는 해법이 있다.

해답

우선, 40원짜리 우표와 70원짜리 우표를 여러 가지로 조합하여, 만들 수 있는 요금을 조사하여 본다. 그러면 재미있는 일을 발견한다. 그것은 180원 이상은 언제든지 만들 수 있다는 점이다. 이것을 나타내기 위하여 180원에서 210원까지를 생각해 보면,

$180=(40 \times 1)+(70 \times 2)$(원)

$190=(40 \times 3)+(70 \times 1)$(원)

$200=40 \times 5$(원)

$210=70 \times 3$(원)

과 같이 만들 수 있다. 그러면 이것에 40원짜리 우표 한 장을 더하면 220원에서부터 250원까지를 만들 수 있고, 40원짜리 우표 두 장을 더하면 260원에서부터 290원까지 만들 수 있다. 이리하여 180원에서부터 210원까지의 어느 것에 40원짜리 우표를 추가하면, 180원 이상의 요금을 얼마든지 만들 수 있다.

그래서 170원 이하에 대하여 조사해 보면

$140-70 \times 2$

$150=(40 \times 2)+(70 \times 1)$

$160=40 \times 4$

가 되어, 140원에서부터 160원까지는 만들 수가 있다. 그러나 40원짜리와 70원짜리를 아무리 조합해 보아도 130원과 170원은 만들지 못한다. 요금은 140원 이상이라고 알고 있으므로, 정확한 요금은 170원이다.

문제를 보았을 때는 이상하다고 생각하더라도, 실제로 하여 보면 답은 한 가지로 결정된다. 아주 교묘하게 만들어진 문제이다.

문제 86

kg	35	39	44	45	50	54

위의 표는 A, B, C, D 네 사람의 체중을, 두 사람씩 1조로 하여 측정한 결과이다. 네 사람의 체중을 kg으로 측정한 것으로 모두 정수이다. 또 A가 제일 가볍고, 다음은 B, C, D의 순서로 무겁다. 네 사람의 체중을 구하여라.

힌트

해결의 열쇠를 잘 잡아야 쉽게 해결된다. 6개의 측정값이 있다는 것은, 어느 두 사람에 대하여도 합계 체중이 측정되어 있다는 것을 말한다.

해답

제일 가벼운 35kg은 A와 B의 체중의 합계이고, 이것을

$$A+B=35(kg)$$

이라고 하자. 그러면 다음의 39kg은 A와 C의 체중의 합계로서

$$A+C=39(kg)$$

이 된다. 또 제일 무거운 54kg은 C와 D의 합계로서

$$C+D=54(kg)$$

이 되고, 그 다음으로 무거운 50kg은 B와 D의 합계로서

$$B+D=50(kg)$$

이 된다. 이것으로부터, 네 사람의 체중의 합계는

$$A+B+C+D=35+54=39+50=89(kg)$$

이다. 그러나 중간의 44kg과 45kg에 대하여는 아직 알 수가 없다. 지금 39kg으로부터 35kg을 빼면, 이것은 C의 체중으로부터 B의 체중을 뺀 차로서

$$C-B=4(kg)$$

이 된다. 이것으로부터, C의 체중은 B의 체중보다 4kg이 무겁고,

$$B+C=B+(B+4)=(2 \times B)+4$$

가 된다. 이 값은 짝수이므로, 44kg과 45kg 중에서 44kg밖에 없다. 이렇게

$$(2 \times B)+4=44(kg)$$

으로부터, B의 체중은 20kg으로 결정되고, C의 체중은 24kg이 된다. 그러면 A의 체중이 15kg, D의 체중이 30kg이라는 것도 간단하게 결정된다.

이 문제에서는 중간의 44kg과 45kg의 한쪽이 짝수, 다른 한쪽이 홀수이었기 때문에, 쉽게 해결할 수 있었다.

문제 87

마라톤 경기에서, A군은 매초 5m, B군은 매초 4m의 속도로 출발 후 줄곧 달려 가고 있다. 도중에 반대 방향에서 매초 10m의 속도로 달려 온 자동차가, A군과 서로 스쳐 간지 2분 후에, B군과도 스쳐 갔다. 자동차가 A군과 스쳐 갔을 때, A군과 B군과의 차이는 몇 m일까? 또 자동차가 B군과 스쳐 갔을 때, A군과 B군과의 차이는 몇 m인가?

힌트

그다지 어려운 문제는 아니므로 침착하게 생각하면 풀 수 있을 것이다. 그러나 사고 방향을 그르치면 해결이 어렵다.

해답

자동차가 A군과 스쳐 간 직후를 생각하면, 자동차와 B군은 서로 마주 보고 달려 가고 있다. 이 때문에 자동차가 매초 10m의 속도, B군이 매초 4m의 속도라면, 양쪽 사이의 거리는 매초 14m(=10+4)씩 단축되어 간다. 이 비율로 2분이 걸렸다는 것은, 그 사이의 거리가

$$14 \times 2 \times 60 = 1,680(m)$$

였다는 것을 가리킨다. 자동차가 A군과 스쳐갔을 때, B군은 A군의 1,680m 후방을 달려 가고 있었다.

자동차와 A군이 스쳐 간 뒤, B군과 스쳐 가기까지는 2분(120초)이 걸렸다. A군은 매초 5m의 속도, B군은 매초 4m의 속도이므로, 두 사람 사이의 거리는 매초 1m(=5-4)씩 벌어진다. 그러면 120초에서는 100m가 벌어지게 된다. 그런데 자동차가 A군과 스쳐 갔을 때, A군과 B군 사이의 거리는 1,680m였다. 이것에 120m를 더하면,

$$1,680 + 120 = 1,800(m)$$

가 된다. 자동차가 B군과 스쳐 갔을 때, A군은 1,800m 전방을 달려 가고 있었다.

해설을 읽으면 이해가 되겠지만, 좀처럼 이렇게는 생각할 수 없는 문제이다.

상, 중, 하 3단으로 된 책꽂이에 모두 150권의 책이 꽂혀 있다. 상단에서부터 18권의 책을 하단으로 옮기고, 중단에서 1/5의 책을 뽑아냈더니, 상단과 중단의 권수가 같아지고, 하단의 책수는 상단의 책의 1.5배가 되었다. 처음에 상, 중, 하단에는 각각 몇 권의 책이 꽂혀 있었는가?

> **힌트**
>
> 중단으로부터 1/5의 책을 뽑아냈을 때, 그것이 몇 권이었을까? 이것이 문제 해결의 실마리이다.

해답

책을 움직인 마지막 상태에서는, 상단과 중단의 책수가 같고, 하단의 책은 상단의 1.5배이다. 이 때문에 이동한 후의 중단의 책을 기준으로 하면, 전체로서는 3.5배(=1+1+1.5)이다. 그런데 중단으로부터는 1/5의 책을 뽑아냈으므로, 중단에 있은 최초의 책은 그것의

$$1 \div \left(1 - \frac{1}{5}\right) = \frac{5}{4} = 1.25(배)$$

이었다. 이리하여 중단의 1을 1.25로 치환하면, 처음에 있었던 전체 책은 이동한 후의 중단의 책의

1+1.25+1.5=3.75(배)

였다. 이것이 150권이므로, 이동한 후의 중단의 책수

150÷3.75=40(권)

이고, 중단으로부터 뽑아내기 전의 책수는

$$40 \div \frac{4}{5} = 50(권)$$

이 된다. 이리하여 뽑아낸 책수는 10권이다.

그러면 이동한 후의 상단의 책도 40권이 되고, 18권을 하단으로 옮기기 전은 58권(=40+18)이 된다. 또 이동한 후의 하단의 책수는

40×1.5=60(권)

이므로, 처음에는 42권(=60-18)이 하단에 있었다. 즉, 처음에는 상단에 58권, 중단에 50권, 하단에는 42권의 책이 있었던 것이 된다.

문제 89

　여기에 금화를 넣은 주머니가 5개 있는데, 그 중의 2개의 주머니는 모두 가짜돈이다. 진짜돈과 가짜돈은 눈으로는 식별할 수 없으나, 무게가 조금 다르다. 진짜돈은 한 개의 무게가 50g이고, 가짜돈은 한 개가 49g이다. 각각의 주머니로부터 금화를 몇 개씩을 저울에 달아서, 한 번의 측정으로 두 개의 가짜 돈 주머니를 찾아내자. 금화는 몇 개를 얹어도 좋으나, 가급적 적은 개수로 해라.

힌트

　각각의 주머니로부터 끄집어 내는 금화의 개수를 바꾸어서, 어느 2개 주머니가 가짜 것이냐로써, 무게의 합이 모두 달라지게 한다.

해답

가급적 금화를 적게 하기 위하여, 1번 주머니로부터는 금화를 저울에 얹어 놓지 않는다. 그리고 2번 주머니로부터는 1개, 3번 주머니로부터는 2개의 금화를 저울에 올려 놓는다. 그러면 4번 주머니로부터는 3개를 올려 놓을 수는 없다. 이것으로는 1번 주머니와 4번 주머니가 가짜일 때와, 2번 주머니와 3번 주머니가 가짜인 때, 어느 쪽도 3개의 가짜돈이 저울에 놓여지게 되어 버리기 때문이다. 그래서 4번 주머니로부터는 4개의 금화를 얹어 놓기로 한다. 그러면 5번 주머니로부터 5개의 금화를 얹었을 때는 1번 주머니와 5번 주머니가 가짜일 때와, 2번 주머니와 4번 주머니가 가짜인 때, 어느 쪽도 5개의 가짜돈이 저울에 얹혀진다. 또 5번 주머니로부터 6개의 금화를 얹었을 때는, 1번 주머니와 5번 주머니가 가짜인 때와, 3번과 4번 주머니가 가짜인 때, 어느 쪽도 6개의 가짜돈이 저울에 얹혀진다. 이리하여 5번 주머니로부터는 7개의 금화를 얹기로 한다.

위와 같이 하면 어느 2개의 주머니가 가짜인가에 따라서, 그 무게의 합계가 표와 같이 모두 바뀌어진다.

가짜 금화 주머니	1 과 2	1 과 3	1 과 4	1 과 5	2 과 3	2 과 4	2 과 5	3 과 4	3 과 5	4 과 5
중량의 합계(g)	669	698	696	693	697	695	692	694	691	689

또 이보다 금화의 개수를 적게 할 수 없다는 것은, 위의 설명으로부터 명백하다.

어느 중학교의 탁구부에 지금 몇 「박스」의 탁구공이 있다(1박스는 탁구공 12개이다). 이것을 4월부터 매달 30개씩 사용할 예정으로, 새로운 공을 매달 같은 수만큼 월초에 사들이기로 하였다. 이렇게 하면 이듬해의 3월 말에는 공을 전부 사용하게 된다.

그런데 실제는 매월 39개씩을 사용했기 때문에, 금년 11월 말에 사 두었던 것을 전부 사용하여 버렸다. 최초에 이 탁구부에는 몇 「박스」의 공이 있었고, 매월 몇 개씩을 보충하고 있었을까?

힌트

먼저 탁구부에 있었던 공의 개수를 구하여야 한다. 이것에는 예정했던 사용 개수를 초과한 몫이 중요한 역할을 한다.

해답

매월 30개씩 사용해야 할 것을 매월 39개씩 사용하게 되면, 1개월에 9개(=39-30)씩이 초과된다. 이것을 금년 4월에서부터 11월까지 8개월간을 계속했기 때문에, 초과 사용한 합계는 72개(=9×8)가 된다. 이 72개의 공은, 원래라면 금년 12월부터 이듬해 3월까지의 4개월 동안에 쓸 공이었다. 이것으로부터 1개월에 18개(=72÷4)씩, 처음에 있었던 탁구부의 공을 사용해 나갈 예정이었다. 이들 12개월간의 합계한 공의 수는

18×12=216(개)

로서, 1「박스」가 12개이므로, 18「박스」가 되는 셈이다.

한편 매월 30개씩의 비율로 공을 사용한다면, 12개월 간에는 360개(=30×12)이다. 그 중의 216개는 처음부터 있었던 것이므로, 12개월 동안에 보충하는 공의 총수

360-216=144(개)

이다. 이것으로부터 매월 초에 사서 보충해 나갈 공의 개수는

144÷12=12(개)

였다.

이 문제에서는 매월의 초과 개수에 착안하는 것이 중요하며, 그것이 바로 문제 해결의 열쇠가 되었다.

문제 91

어느 입장권 판매 창구에는 판매 전부터 입장권을 사려는 사람이 줄을 서있었는데, 판매 개시 때에는 40명이 되었다. 판매 후에도 일정한 비율로 사려는 사람들이 모여들기 때문에, 한 창구에서는 행렬이 없어질 때까지 10분이 걸렸다. 또 창구를 2개로 하면 이 행렬은 4분만에 없어진다. 창구를 3개로 하면 이 행렬은 몇 분만에 없어질까? 다만, 창구에서 입장권을 파는 시간은 어느 사람에 대해서도 같다고 한다.

힌트

1개 창구에서 1분에 몇 장의 입장권을 팔 수 있을까? 이 매수를 창구가 1개인 경우와 2개인 경우로부터 요령 있게 구해야 한다.

해답

창구가 1개일 때는 40명의 행렬이 10분만에 없어지므로 1분에 4명(=40÷10)씩의 비율로 줄어든다. 창구를 2개로 하면 각각의 창구에서는, 40명의 절반인 20명을 담당한다. 이것이 4분만에 없어지므로 1분간에 5명(=20÷4)씩의 비율로 줄어든다. 줄어드는 인원이 4명에서부터 5명으로 불어난 것은, 창구가 2개로 되면, 판매 후 창구로 몰려오는 사람의 절반만을 맡아도 되기 때문이다. 즉 1분에 창구로 모여 드는 사람수의 절반이 1명(=5-4)인 셈이므로, 이 창구에는 1분에 2명씩의 비율로 왔다는 것이 된다. 즉, 한 개의 창구 경우 1분에 6장(=4+2)씩 입장권을 팔고 있었다.

위의 결과를 실제로 확인해 보자. 창구가 1개일 때는, 10분에 20명(=2×10)이 창구에 왔으며, 이것에다 판매 전의 40명을 더하면 모두 60명이 된다. 이것을 1분에 6명씩의 비율로 판매하면, 10분(=60÷6)만에 없어지게 된다. 창구가 2개일 때는 4분에 8명(=2×4)이 창구로 오고, 이것에다 판매 전의 40명을 더하면 모두 48명이 된다. 이것을 1분에 12명(=6×2)씩의 비율로 팔면, 4분(=48÷12)만에 없어진다.

창구를 3개로 하면, 1분에 18명(=6×3)씩의 비율로 팔게 된다. 이 중의 2명은 판매 후의 사람으로 치기 때문에, 40명의 행렬은 1분에 16명(=18-2)씩의 비율로 줄어든다. 이 때문에 40명의 행렬은

40÷16=2.5(분)

만에 없어진다.

문제 92

A군은 운동회에 참석하기 위하여, 오전 8시 30분에 집을 출발하여, 매분 50m의 속도로 걸어서, 개회 시각 10분 전에 운동회장에 도착할 예정이었다. 그런데 집을 나서서 400m 지점에서 잊어버리고 온 물건이 생각나서, 매분 80m의 속도로 집으로 되돌아왔다. 물건을 찾는데 5분이 걸렸는데, 이번에는 매분 75m의 속도로 걸었기 때문에, 개회 2분 전에 운동회장에 도착하였다.

집에서부터 운동회장까지의 거리와 개회 시간을 구하여라.

힌트

문제의 내용이 복잡하기 때문에, 내용을 정리하는 것이 중요하다. 우선 생각할 것은 잊어버린 물건 때문에 허비한 시간을 생각하여야 한다.

해답

잊어버린 물건으로 말미암아 허비한 시간은, 집에서부터 400m 지점까지 걸은 8분(=400÷50)과, 거기서부터 집까지 되돌아온 5분(=400÷80), 집에서 잊은 물건을 찾는데 소비한 5분, 이 세 가지의 합계가 18분(=8+5+5)이므로, 이만큼 집에서 늦게 나온 셈이 된다.

한편 처음 예정으로는 개회 10분 전까지 회장에 도착할 예정이었다. 이것이 실제는 2분 전에 도착했기 때문에, 예정보다 8분이 늦었다. 이리하여 18분이나 늦게 집에서 출발했는데도, 불과 8분 밖에 늦지 않은 것은, 걷는 속도를 매분 50m에서부터 매분 75m로 바꾸었기 때문이다. 즉 걷는 속도를 빨리 함으로써 10분을 단축할 수 있었다.

그런데 매분 50m의 속도로 걸으면, 1m를 가는 데에 1/50분이 걸린다. 이것을 매분 75m의 속도로 바꾸면, 1m를 가는 데에 1/75분이면 된다. 이 때문에 걷는 속도를 매분 50m에서 75m로 빠르게 하면, 1m를 가는 데마다

$$\frac{1}{50} - \frac{1}{75} = \frac{1}{150} (분)$$

씩이 절약된다. 이 비율로 10분을 절약하는 데는, 걷는 거리가 1,500m(=10÷$\frac{1}{150}$)가 된다. 이렇게 A군의 집으로부터 회장까지의 거리는 1,500m이다. 그러면 처음 예정으로는 집에서 8시 30분에 출발하여, 1,500m의 거리를 30분(=1,500÷50)에 걷고, 10분 전에 회장에 도착할 예정이었으므로, 개회 시간은 9시 10분이 된다.

문제 93

갑이 갖고 있는 돈과 을이 갖고 있는 돈의 비는 3:2이다. 지금부터 갑은 매일 60원, 을은 매일 50원씩을 쓴 결과, 을이 갖고 있는 돈을 다 썼을 때, 갑은 아직도 90원이 남아 있었다. 갑과 을이 갖고 있던 돈은 각각 얼마였는가?

힌트

두 사람이 갖고 있는 돈을 비율로만 알고 있으므로, 해결의 실마리가 좀처럼 잡히지 않는다. 그러나 좋은 방법을 쓰면 의외로 간단히 해결된다.

해답

사용한 금액을 바꾸어서, 갑은 매일 75원, 을은 매일 50원씩을 썼다고 하자. 이 비는

75:50=3:2

이므로, 갑과 을이 갖고 있는 돈의 비율과 같다. 그러면 을이 돈을 다 썼을 때에, 갑도 가졌던 돈을 다 썼을 것이다.

그런데 갑이 실제로 쓴 돈은 매일 60원씩이었다. 이것은 매일 75원씩을 썼을 때와 비교하면 15원씩의 절약이다. 이 절약한 돈이 차츰 모여서, 을이 가진 돈을 다 썼을 때는 90원이 되었다고 생각할 수 있다. 이리하여 을이 돈을 다 쓰기까지의 날수는

90÷15=6(일)

이 된다. 이것으로부터 을이 처음에 가졌던 돈은

50×6=300(원)

이 된다.

갑이 처음에 가졌던 돈은 을이 갖고 있던 돈의 3/2배이므로,

$300 \times \dfrac{3}{2} = 450$(원)

이 된다.

이 문제에서는 갑이 매일 75원씩을 썼다고 가정한 것이 해결로 이어지는 열쇠이다.

문제 94

오늘은 즐거운 소풍날이다. 소풍에 참가하는 학생의 1인당 비용은 1,700원인데, 아버지는 3,500원, 어머니는 3,000원으로 부모님도 소풍에 참가할 수 있도록 하였다. 이렇게 하여 소풍에 참가한 전체 인원수가 50명이고, 참가비용의 합계가 10만원이 되었다. 50명 중에 아버지와 어머니는 각각 몇 사람씩인가?

힌트

이것만으로는 조건이 부족한 듯이 보이지만, 답은 정확하게 나온다. 먼저 50명 전원이 학생이라고 한다면 비용이 어떻게 되는가를 생각해 본다.

해답

50명 전원이 학생이라고 하면, 학생의 비용은 1인당 1,700원이 므로, 비용의 합은

1,700×50=85,000(원)

이다. 이것은 10만원에 부족하므로, 차액인 15,000원은 부모가 낸 것이 된다. 아버지가 참가하면, 여분의 비용은

3,500-1,700=1,800(원)

이고, 어머니가 참가하면, 여분의 비용은

3,000-1,700=1,300(원)

이다. 이 때문에 1,800원의 몇 배와 1,300원의 몇 배한 것을 더 한 것이 15,000원이 되면, 바로 그것이 답이다.

가령 아버지가 두 사람이라고 하면

15,000-(1,800×2)=11,400(원)

은 어머니가 낸 것이 된다. 그러나 11,400원은 1,300원으로는 딱 맞게 나누어지지 않으므로, 아버지가 두 사람일 수는 없다. 이와 같은 방법으로 아버지를 0사람, 1사람, 2사람, 3사람으로 차츰 늘 려 가면,

아버지의 수	0	1	2	3	4	5	6	7	8
아버지의 참가비	0	1800	3600	5400	7200	9000	10800	12600	14400
15000원에서 뺀 잔액	15000	13200	11400	9600	7800	6000	42000	2400	600
1300원으로 나누어지는가	×	×	×	×	○	×	×	×	×
어머니의 수					6				

으로 되고, 아버지를 4사람으로 했을 때 딱 맞는다. 이 때의 어머니의 수는 6사람이다.

A는 1분간 3장의 접시를 씻고, B는 1분간 2장의 접시를 씻을 수가 있다. 또 접시 대신에 컵으로 하면, A는 1분간 9개의 컵을 씻고, B는 1분간 7개의 컵을 씻을 수 있다.

여기에 더러워진 접시와 컵이 합하여 134개가 있다. 두 사람이 협력하여 20분간에 모두 씻었다. 그러면 접시는 몇 장이고, 컵은 몇 개일까?

힌트

꽤 어려운 문제이다. 문제의 조건만으로 풀릴까 하고 불안하지만, 적절한 방법으로 풀 수 있다.

해답

A와 B가 모두 접시만 씻는다면, A는 1분간에 3장, B는 1분간에 2장씩이므로, 20분간에는

(3+2)×20=100(장)

이 된다. 이래서는 34장(=134-100)이 적기 때문에, 그 몫을 컵으로 보충했을 것이다. 접시 대신에 컵을 씻으면, A의 경우는 1분간에 6개(=9-3), B의 경우는 1분간에 5개가 많아진다. 그래서 A가 컵을 씻은 시간을 □분, B가 컵을 씻은 시간을 △분으로 하면,

□×6+△×5=34

가 될 것이다. 이 □에 0, 1, 2, ……등 차례로 정수를 넣어 보면

□	0	1	2	3	4	5
△	6	5	4	3	2	0
나머지	4	3	2	1	0	4

로 되어, □를 4로 했을 때만 나머지가 없다.

이렇게 A는 4분간만 컵을 씻고, B는 2분간만 컵을 씻는 것이 된다. 그러면 컵의 개수는

(9×4)+(7×2)=50(개)

이고, 접시의 장수는

(3×16)+(2×18)=84(장)

으로 결정된다.

이 문제는 답이 하나 밖에 없는 데에 재미가 있다.

문제 96

A역과 B역 사이는 100㎞이고, 전차와 버스 노선이 나란히 달리고 있다. 철수는 A역을 버스로 출발하고, 만수는 그 1시간 후에 A역을 전차로 출발했는데, 두 사람은 동시에 B역에 도착했다. 버스는 처음 시속 50㎞를 가다가, 도중에서 시속을 40㎞로 늦추었다. 전차는 시속 80㎞로 달렸으나, 도중에서 10분간 멈추었다. 버스가 속도를 늦춘 것은 A역을 떠나서 몇 분 후일까?

힌트

먼저 전차에 대하여 생각한다. 그것으로부터 버스에 대한 조건이 나올 것이다.

해답

전차의 시속은 80km이므로, 도중에서 정차하지 않았으면, A역에서부터 B역까지는 75분$\left(=\dfrac{100}{80}\times 60\right)$이 걸린다. 도중에서 10분간을 정차했으므로, 실제로 걸린 시간은 85분이다.

버스는 전차보다 1시간 앞서 A역을 출발했으므로, B역까지의 시간은 145분(=85+60)이다. 지금 버스가 처음부터 시속 40km로 B역까지 계속하여 달렸다고 하면, A역에서부터 B역까지의 시간은 150분$\left(=\dfrac{100}{40}\times 60\right)$이다. 이것이 145분으로 된 것은, 처음을 시속 50km로 달렸기 때문이다. 시속 50km의 버스는 1km를 가는 데에 $\dfrac{6}{5}$분$\left(=\dfrac{1}{50}\times 60\right)$이 걸리고, 시속 40km의 버스는

$$\dfrac{1}{40}\times 60 = \dfrac{3}{2}\,(분)$$

이 걸린다. 이 때문에 1km마다

$$\dfrac{3}{2} - \dfrac{6}{5} = \dfrac{3}{10}\,(분)$$

씩의 차가 생기게 되고, 5분(=150-145)의 차가 생기려면, A역으로부터

$$5 \div \dfrac{3}{10} = 16\dfrac{2}{3}\,(km)$$

의 지점까지 시속 50km로 달린 것이 된다. 이것은 A역을 출발하고부터

$$16\dfrac{2}{3} \div \dfrac{50}{60} = 20(분)$$

후의 일이다.

5g, 10g, 20g의 세 종류 추가 합하여 19개 있고, 그 무게의 합은 250g이다. 지금 5g과 20g의 추의 개수를 거꾸로 바꾸어 보면, 전체 무게는 190g으로 줄어든다고 한다. 세 종류의 추의 수를 구하여라

힌트

이만한 조건으로는, 각각의 추의 개수가 결정되지 않을 듯이 생각된다. 그것을 극복하는 데에 문제의 어려움과 묘미가 있다.

해답

20g의 추가 5g의 추보다 1개 더 많으면, 5g과 20g의 추의 개수를 반대로 했을 때, 무게의 합계는 15g(=20-5)만큼 줄어들지만, 실제는 608(=250-190)이나 줄고 있다. 이것으로부터 20g의 추는 5g의 추보다 4개(=60÷15)가 많다는 것이 된다.

다음에는 5g과 20g의 추의 개수를 같게 하여, 문제를 생각하기 쉽게 만들어 본다. 이것에는 20g의 추를 4개만큼 줄이면 된다. 이것에 의하여 무게의 합이

$$250-(4 \times 20)=170(g)$$

이 되는 동시에, 추의 개수는 15개로 된다. 이 때 15개 모두가 10g의 추라고 하면 150g이 될 것이다. 이것이 170g으로 되어 있는 것은 5g과 20g의 추가 섞여 있기 때문이다.

10g짜리 추 2개 대신에, 5g과 20g짜리 추가 1개씩 섞이면

$$(5+20)-(2 \times 10)=5(g)$$

만큼 무거워진다. 그런데 실제는

$$170-150=20(g)$$

이나 무겁기 때문에, 5g과 20g의 추는 각각

$$20÷5=4(개)$$

씩 섞여 있을 것이다. 이 때문에 10g의 추는

$$15-(2 \times 4)=7(개)$$

가 된다. 이렇게 20g의 추를 줄이지 않은 최초의 상태에서는, 5g의 추가 4개, 10g의 추가 7개, 20g의 추가 8개가 된다.

K씨 집에서는 큰 새장에 문조와 십자매를 합해서 15마리의 새를 기르고 있다. 어느날 먹이통에 먹이를 가득 넣어 두었더니, 6일만에 없어졌다. 그 후에 십자매 한 마리가 더 넣어서, 먹이통에 먹이를 가득히 채워준 뒤, 매일 먹이통의 1/16만큼의 양을 보충하여 주었다. 그러자 9일만에 먹이통이 비었다.

문조는 하루에 십자매의 2배의 먹이를 먹고, 양쪽 모두 하루에 일정한 양의 먹이를 먹는다고 하면, 이들 중에 문조는 몇 마리가 있는가?

해답

먹이통에 가득 채웠을 때의 먹이양을 1로 본다. 그러면 십자매 한 마리를 넣기 전에는 6일간이면 먹이가 없어졌으므로, 하루에 먹는 양은 1/6(=1÷6)이다. 십자매 한 마리를 더 넣은 후는 9일 동안에 준 먹이의 양은

$$1+\frac{1}{16}\times9=\frac{25}{16}$$

이며, 하루에 먹는 먹이양은 $\frac{25}{144}(=\frac{25}{16}\div9)$이다. 이것과 $\frac{1}{6}$과의 차이는 십자매가 한 마리 넣었기 때문이므로, 십자매 한 마리가 하루에 먹는 양은

$$\frac{25}{144}\times\frac{1}{3}=\frac{1}{144}$$

이다.

다음은 15마리 중에 문조가 몇 마리나 있는가를 알아본다. 15마리가 모두 십자매라고 하면, 하루에 먹는 먹이 양은

$$\frac{1}{144}\times15=\frac{5}{48}$$

이다. 그러면

$$\frac{1}{6}-\frac{5}{48}=\frac{1}{16}$$

은 문조가 있기 때문이므로, 문조는 십자매보다 하루에 1/144를 더 먹으므로,

$$\frac{1}{16}\div\frac{1}{144}=9(마리)$$

의 문조가 있는 것이 된다.

문제 99

　A, B, C 세 사람이 산에 밤을 주으러 가서, A는 116개, B
는 112개, C는 96개의 밤을 주었다. 돌아오는 길에 먼저 누군
가가 자기의 밤의 1/4을 어떤 누구에게 주었고, 다음에는 누군
가가 역시 자기의 밤의 1/4을 누군가에게 주었으며, 마지막으
로 누군가도 자기의 밤의 1/4을 누군가에게 주었다. 그러자 세
사람의 밤의 개수가 모두 같아졌다. 서로 어떤 방법으로 주었
을까?

힌트

같은 수가 된 마지막 결과로부터 역으로 생각하는 것이 중
요하다. 어려운 문제임에는 틀림없다.

해답

세 사람이 갖고 있는 밤의 합계는

116+112+96=324(개)

이므로, 세 사람은 최종적으로는 108개(=324÷3)씩의 밤을 갖게 된다. 이것은 누군가에게 자기의 밤의 1/4을 준 결과이므로, 다른 사람에게 주기 전에는 144개(=108÷$\frac{3}{4}$)를 갖고 있었을 것이다. 남에게 준 밤의 개수는 36개(=144-108)이므로, 그 사람이 받기 이전의 수는 72개(=108-36)이다. 이렇게 나누어 주기 직전의 상태에서는, 세 사람이 가지고 있는 밤의 개수는 많은 순서로부터 144개, 108개, 72개이다.

한편 최초에 A가 1/4을 B에게 주면 A는 87개(=116×$\frac{3}{4}$)이고, B는 141개(=112+116×$\frac{1}{4}$), C에게 주면 A는 87개이고, C는 125개(=96+116×$\frac{1}{4}$)이다. 마찬가지 계산으로부터, 최초에 B가 A에게 주면, B는 84개이고, A는 144개, C에게 주면 B는 84개이고, C는 124개이다. 또 최초에 C가 A에게 주면 C는 72개이고, A는 140개, B에게 주면 C는 72개이고, B는 136개이다. 이 중에서 144개, 108개, 72개의 어느 것에나 알맞는 것은, B가 A에게 주었을 때나 C가 A나 B에게 주었을 때 뿐이다.

그래서 각각의 경우를 같은 방법으로 조사해 보면, B가 A에게 주고, 다음에 C가 B에게 주었을 때만 144개, 108개, 72개의 상태가 된다. 이리하여 최초에 B가 1/4을 A에게 주고, 다음에 C가 1/4을 B에게 주고, 마지막으로 A가 1/4을 C에게 준 것을 알게 된다.

문제 100

A와 B의 두 상자에 흰 돌과 검은 돌이 들어 있다. A상자에는 2,700개가 들어 있고, 그 중의 3할이 검은 돌이다. B상자 속에는 1,200개가 들어 있는데, 그 중의 9할이 검은 돌이다. 지금 B로부터 몇 개의 돌을 A로 옮기고, 그 결과를 조사한 즉, A 속에는 검은 돌이 4할, B 속에는 검은돌이 9할이 들어 있었다. B로부터 A로 옮긴 검은 돌과 흰 돌은 각각 몇 개인가?

힌트

어려운 문제이다. 만일 대수(代數)를 이용하지 않고 정답을 구할 수 있다면 상당한 능력의 소유자이다. 시행착오로 푸는 수도 있지만, 가능하면 정확한 방법으로 풀었으면 한다.

해답

A상자 속에 있는 검은 돌의 수는 810개(=2,700×0.3)이다. 이 것이 전체의 4할이 되려면, 흰 돌의 개수는

$$810 \times \frac{0.6}{0.4} = 1,215(개)$$

이다. 그러나 A상자 속의 흰 돌 개수는

$$2,700 \times (1-0.3) = 1,890(개)$$

이므로, 여분의 흰 돌

$$1,890 - 1,215 = 675(개)$$

가 있다. 이 때문에 B상자 속에 있는 검은 돌과 흰 돌을 675개의 흰 돌에 섞어서, 검은 돌이 4할이 되면 된다.

그런데 B상자 속의 검은 돌의 비율은 일부의 돌을 A에 옮긴 후에도 9할이나 된다. 이것으로부터 옮긴 돌 속의 검은 돌 비율도 9할이다. 이렇게 흰 돌 1개에 검은 돌 9개의 비율로, A로 돌을 옮겨 놓고 있다. 이것을 675개의 흰 돌과 섞으므로, 검은 돌은 B로부터 옮긴 것뿐이다. 지금 검은 돌 9개와 흰 돌 1개를 옮겼다고 하면, 이 검은 돌이 전체의 4할이 되기 위해서는, 흰 돌은 모두

$$9 \times \frac{0.6}{0.4} = 13.5(개)$$

가 필요하다. 이 중의 1개는 옮긴 흰 돌이기 때문에, 나머지 12.5개(=13.5-1)는 675개의 흰 돌로부터 보충할 필요가 있다. 9개의 검은 돌마다 흰 돌 12.5개를 보충해야 하므로, 675개를 모조리 보충할 돌로 충당하려면, B로부터 A로

$$9 \times \frac{675}{12.5} = 486(개)$$

의 검은 돌을 옮기면 되는 것을 알 수 있다. 이 때 B로부터 A로 옮기는 흰 돌의 개수는 54개(=486÷9)이다.

산수 100가지 난문·기문
풀 수 있다면 당신은 천재!

초판 1쇄   1989년 08월 30일
개정 1쇄   2019년 09월 09일

지은이   나카무라 기사쿠
옮긴이   경익선
펴낸이   손영일
펴낸곳   전파과학사
주소   서울시 서대문구 증가로 18, 204호
등록   1956. 7. 23. 등록 제10-89호
전화   (02) 333-8877(8855)
FAX   (02) 334-8092
홈페이지   www.s-wave.co.kr
E-mail   chonpa2@hanmail.net
공식블로그   http://blog.naver.com/siencia

ISBN 978-89-7044-899-2 (03410)
파본은 구입처에서 교환해 드립니다.
정가는 커버에 표시되어 있습니다.

도서목록
현대과학신서

도서목록
BLUE BACKS